Friedrich Breyer

Die Nachfrage nach medizinischen Leistungen

Eine empirische Analyse von Daten
aus der Gesetzlichen Krankenversicherung

Mit 9 Abbildungen

Springer-Verlag
Berlin Heidelberg New York Tokyo 1984

Priv.-Doz. Dr. Friedrich Breyer
Alfred-Weber-Institut
der Universität Heidelberg
für Sozial- und Staatswissenschaften
Grabengasse 14
6900 Heidelberg

ISBN-13:978-3-540-13555-5   e-ISBN-13:978-3-642-69832-3
DOI: 10.1007/978-3-642-69832-3

CIP-Kurztitelaufnahme der Deutschen Bibliothek.
Breyer, Friedrich:
Die Nachfrage nach medizinischen Leistungen: e. empir. Analyse von Daten aus d. gesetzl.
Krankenversicherung / Friedrich Breyer. – Berlin; Heidelberg; New York; Tokyo:
Springer 1984.
  ISBN-13:978-3-540-13555-5

Satz: Walter Huber, Grafische Kunstanstalt · 7140 Ludwigsburg

2119/3140-543210

Für Anneliese

Vorwort

Die Idee zu dieser Arbeit entstand während eines von der Deutschen Forschungsgemeinschaft geförderten Studienaufenthalts an der Stanford University 1980/81. In dieser Zeit hatte ich Gelegenheit, mich am National Bureau of Economic Research unter der Anleitung von Prof. Victor R. Fuchs mit empirischen Methoden in der Gesundheitsökonomik vertraut zu machen.

Die Arbeit stellt den Versuch dar, die Nachfrage nach Gesundheitsleistungen in der Bundesrepublik Deutschland systematisch auf ihre Bestimmungsgründe zu erforschen. In die Untersuchung einbezogen wird dabei nur solches Datenmaterial, das von den Krankenkassenverwaltungen oder der amtlichen Statistik routinemäßig erhoben und veröffentlicht wird. Auf andere Methoden der Datenerhebung, z. B. Haushaltsinterviews oder kontrollierte Experimente, wurde nicht nur aus Kostengründen bewußt verzichtet. Ziel der empirischen Analyse ist es daher auch, die Grenzen der Aussagekraft des vorhandenen Datenmaterials aufzuzeigen.

Die Arbeit wurde im Sommersemester 1983 von der Wirtschaftswissenschaftlichen Fakultät der Universität Heidelberg als Habilitationsschrift angenommen. Zahlreiche Personen und Institutionen haben durch ihre tatkräftige Hilfe maßgeblich zu ihrem Entstehen beigetragen. Bei der Sammlung und Aufbereitung der Daten unterstützten mich der Landesverband der Ortskrankenkassen Württemberg-Baden, der Verband der Ortskrankenkassen Südwest, das Statistische Landesamt Baden-Württemberg sowie die Herren Dr. Günter Borchert und Dr. Walter Krämer. Wertvolle Hinweise zu früheren Fassungen der Arbeit erhielt ich von Prof. Dr. Ralph Brennecke, Prof. Dr. Hans Jürgen Jaksch, Dr. Hans Adam und Dr. Joachim Neipp, der mich in ungezählten Diskussionen über Gesundheitsökonomie und -politik oft genug aus dem Elfenbeinturm der Theorie auf den Boden der Tatsachen holte. Prof. Dr. Roland Fahrion und Dr. habil. Gerhard Wagenhals trugen als Ratgeber in Fragen der ökonometrischen Methodik wesentlich zur Verbesserung des empirischen Teils bei. Dr. Joachim Neipp, Dr. Gunter Stephan und Dipl.-Math. Gerhard Maier lasen das gesamte Manuskript mit großer Sorgfalt. Von ihren Anmerkungen profitierten Inhalt, Stil und Präsentation der vorliegenden Schrift.

Mein besonderer Dank gilt meinem akademischen Lehrer Prof. Dr. Malte Faber, der mich als geduldiger Zuhörer und unermüdlicher Berater bei der Konzeption und Durchführung dieser Arbeit in unschätzbarem Maße unterstützt hat.

Heidelberg, im April 1984   Friedrich Breyer

Inhaltsverzeichnis

1   Einleitung   1
1.1   Zielsetzungen der Studie   1
1.2   Der empirische Rahmen   3
1.3   Aufbau der Arbeit   6

Teil I: Theorie

2   Determinanten der Inanspruchnahme medizinischer Leistungen . .   11
2.1   Preise und Einkommen   12
2.2   Der Gesundheitszustand   14
2.3   Prädisponierende Faktoren   16
2.4   Die Angebotsdichte   17
2.4.1   Alternative Erklärungen für einen positiven Zusammenhang
        zwischen Arztdichte und Nachfrage nach ärztlichen Leistungen . . .   17
2.4.2   Ein formales Modell der anbieterinduzierten Nachfrage
        nach ärztlichen Leistungen   22
2.4.2.1 Übersicht über Modellannahmen und -ergebnisse   22
2.4.2.2 Schlußfolgerungen für die empirische Analyse   24

3   Arztdichte und Krankenstand als endogene Größen   25
3.1   Ein simultanes Erklärungsmodell für Arztdichte,
        Krankenstand und Inanspruchnahme ärztlicher Leistungen   25
3.2   Exogene Bestimmungsfaktoren von Arztdichte und Krankenstand .   29
3.2.1   Determinanten der Arztdichte   29
3.2.2   Determinanten des Krankenstands   30
3.3   Präzisierung des theoretischen Modells der ambulanten Versorgung   32

Teil II: Empirie

**4   Empirische Analyse von Daten
        für Stadt- und Landkreise Baden-Württembergs**   35
4.1   Methoden und Datenquellen   35
4.1.1   Wahl des Untersuchungsrahmens   35
4.1.2   Messung der Modellvariablen   39
4.1.3   Aufstellung der Schätzgleichungen und Wahl des funktionalen
        Zusammenhangs   52

4.2   Ergebnisse der Regressionsrechnung 57
4.2.1   Der Markt für ambulante ärztliche Leistungen 57
4.2.1.1   Simultane Erklärung der Arztausgaben, der Arztdichte und der
          Arbeitsunfähigkeitstage 57
4.2.1.2   Einzelschätzung der Arztausgabengleichung 62
4.2.1.3   Einzelschätzung der Arztdichtegleichung 68
4.2.1.4   Einzelschätzung der Arbeitsunfähigkeitsgleichung 71
4.2.2   Erklärung der Arzneimittelausgaben 74
4.2.3   Erklärung der Krankenhaustage und der Verweildauer 76

5   **Empirische Analyse von Daten für kassenärztliche Abrechnungs-
          bezirke der Bundesrepublik** 81
5.1   Beschreibung des Datensatzes 81
5.2   Der Modellansatz von Borchert (1980) 83
5.2.1   Interpretation der Schätzergebnisse 83
5.2.2   Kritik an der Spezifikation 86
5.3   Anwendung unseres Schätzmodells 88
5.3.1   Überlegungen zur Modellspezifikation 88
5.3.2   Schätzergebnisse 90
5.3.2.1   Die Arztausgabengleichung 90
5.3.2.2   Die Arbeitsunfähigkeitsgleichung 96
5.3.2.3   Die Arztdichtegleichung 97

6   **Empirische Analyse von Daten für Bundesländer** 98
6.1   Beschreibung des Datensatzes und Ergebnisse von Krämer (1981) . 98
6.2   Anwendung unseres Schätzmodells 100
6.3   Berücksichtigung der Pooled-sample-Eigenschaften 103
6.4   Wertung der Ergebnisse für den Arztdichteeinfluß 108

7   **Zusammenfassung der Ergebnisse und Schlußfolgerungen** 111
7.1   Vergleich der Schätzergebnisse für den Einfluß der Anbieter auf die
          Nachfrage nach ambulanten ärztlichen Leistungen 111
7.2   Konsequenzen für die Steuerung des Ressourcenverbrauchs im
          Gesundheitswesen 113

Literatur 117

1 Einleitung

1.1 Zielsetzungen der Studie

Probleme der Steuerung in der medizinischen Versorgung sind seit den siebziger Jahren verstärkt ins Blickfeld der Öffentlichkeit in der Bundesrepublik gerückt. Der sichtbarste Ausdruck dieser Probleme sind die seitdem immer wiederkehrenden, aber oft fehlgeschlagenen Bemühungen, das Ausgabenvolumen in der Gesetzlichen Krankenversicherung nicht schneller wachsen zu lassen als die Einkommen der Versicherten, um Beitragssatzerhöhungen zu vermeiden. Dieses Phänomen der „Kostenexplosion" (vgl. Siebeck 1976; Herder-Dorneich 1976) hat dafür gesorgt, daß die Steuerungsdebatte an Aktualität ständig zugenommen hat.

Neben der hauptsächlich von Praktikern der Gesundheitspolitik geführten Diskussion der Finanzierungsprobleme wird von theoretisch orientierten Gesundheitsökonomen seit einiger Zeit die grundsätzlichere Frage aufgeworfen, ob das in der Bundesrepublik Deutschland praktizierte System der medizinischen Versorgung und ihrer Finanzierung geeignet sei, den Idealzustand der allokativen Effizienz auch nur annähernd zu erreichen (Metze 1981, S. 68f.). Diese Frage ist insofern berechtigt, als der Markt auf diesem Gebiet nicht der einzige Allokationsmechanismus ist, sondern ein komplexes Lenkungssystem aus den Elementen Markt, Wahlen, Verhandlungen und Bürokratie wirksam ist (Haarmann 1978; Herder-Dorneich 1980).

Zahlreiche Reformvorschläge sind unterbreitet worden mit der Zielsetzung, mehr Rationalität in die Steuerung des Ressourcenverbrauchs im deutschen Gesundheitswesen einfließen zu lassen. Kernstücke dieser Pläne sind die Einführung oder Stärkung wettbewerblicher Elemente (Hamm 1980; Oberender 1980) sowie die Schaffung spezifischer materieller Anreize für die verschiedenen Entscheidungsträger im Gesundheitswesen. Beispiele für solche Anreizmechanismen sind der Ausbau der Selbstbeteiligung der Patienten an ihren Krankheitskosten (Schmidt 1976; Lüdeke 1979) und die Abkehr von der Einzelleistungsvergütung für Ärzte (Schulenburg 1981) sowie von der Erstattung der Selbstkosten bei Krankenhäusern über pauschalierte Pflegesätze (Herder-Dorneich 1970).

Wie sich die Einführung jeder dieser vorgeschlagenen Neuerungen in der Praxis niederschlagen würde, können letztlich nur kontrollierte Experimente beantworten. Da diese in der Regel sehr kostspielig sind und ihnen überdies, z.B. im Falle von Selbstbeteiligungsregelungen, gesetzliche Hürden entgegenstehen, muß zunächst durch eine Auswertung vorhandener Daten versucht werden, Rückschlüsse bezüglich der Wirkungen etwaiger Steuerungseingriffe zu ziehen.

Diese Überlegung führt unmittelbar zur zentralen Frage dieser Studie: Auf welche Faktoren lassen sich gegenwärtig zu beobachtende Unterschiede in der Inanspruchnahme medizinischer Leistungen zurückführen? In der Tat bestehen ja nach Leistungsart erhebliche Disparitäten in der Inanspruchnahme pro Kopf der Bevölkerung zwischen einzelnen Regionen der Bundesrepublik. Vergleicht man etwa die 54 Abrechnungsbezirke der Kassenärztlichen Vereinigungen miteinander, so stehen die niedrigsten und höchsten Pro-Kopf-Ausgaben je Leistungsart meist in einem Verhältnis von 1:1,5 bis 1:2 zueinander (Borchert 1980, S. 120ff.). Gelänge es, eine systematische Abhängigkeit dieser Ungleichheiten von sozioökonomischen, demographischen oder institutionellen Bestimmungsgründen aufzuzeigen und das Gewicht und die Höhe dieser Einflüsse festzustellen, so würde dies Ansatzpunkte für die Entwicklung steuernder Maßnahmen liefern.

Eine interessante, wenn auch schwer zu operationalisierende Frage in diesem Zusammenhang ist, ob die Unterschiede in der Versorgung mit medizinischen Gütern und Diensten überwiegend auf (medizinische) Bedarfsgründe zurückgehen. Falls dies verneint werden sollte, so wäre weiterhin zu diskutieren, ob – gemessen an einem wie auch immer definierten Bedarfskonzept – eher von einer Unterversorgung der Gebiete mit geringen Pro-Kopf-Ausgaben oder von einer Überversorgung der an der Spitze der Ausgabenrangfolge liegenden Regionen gesprochen werden muß. Dementsprechend könnten dann spezifisch wirkende Anreize entweder zur Steigerung oder zur Einschränkung der Inanspruchnahme gesetzt werden.

Da der Konsum medizinischer Leistungen in der Regel kein Selbstzweck ist, hängt die Bewertung des Versorgungsniveaus davon ab, welchen Einfluß zusätzliche Inanspruchnahme auf den Gesundheitszustand der betrachteten Bevölkerungsgruppe hat. Dieser Zusammenhang ist unter dem Stichwort einer „Gesundheitsproduktionsfunktion" insbesondere in den USA in den letzten Jahrzehnten intensiv erforscht worden. Zahlreiche Studien (u. a. Auster et al. 1969; Fuchs 1974; Benham u. Benham 1975; Newhouse u. Friedlander 1977) haben gezeigt, daß erhöhte Verfügbarkeit oder Inanspruchnahme medizinischer Ressourcen einen kaum spürbaren Einfluß auf die Mortalität bzw. auf verschiedene Indikatoren des Gesundheitszustands einer Bevölkerung haben.

In ökonomischen Termini ausgedrückt, würde das bedeuten, daß die Grenzproduktivität medizinischer Versorgung bei der Produktion des Gutes Gesundheit auf dem gegenwärtig erreichten Versorgungsniveau gering ist. Enthoven (1980) spricht daher bildhaft von einer „flat-of-the-curve-medicine". Diese Erkenntnis würde eher für die Überversorgungshypothese sprechen, da dem zusätzlichen Ressourcenverbrauch in den gut versorgten Regionen dann kein (gesundheitlicher) Nutzengewinn in vergleichbarer Höhe gegenüberstände, und damit zusätzliche Steuerungselemente in Richtung auf eine Dämpfung des Konsums medizinischer Leistungen nahelegen.

Aus den USA liegen zahlreiche Analysen der Determinanten der Inanspruchnahme medizinischer Leistungen vor. Noch bevor das von der Rand Corporation durchgeführte großangelegte Krankenversicherungsexperiment („Health Insurance Study"; vgl. Newhouse 1974; Manning et al. 1981) ausgewertet werden konnte, haben verschiedene Autoren versucht, aus vorhandenem Datenmaterial Bestimmungsgründe für die Inanspruchnahme zu analysieren (für einen Überblick s. Newhouse 1981). Einen umfassenden theoretischen Überblick über Determinanten und ihre potentielle Beeinflußbarkeit geben darüber hinaus Andersen u. Newman (1973).

In dieser Arbeit soll nun unter Rückgriff auf diese Studien versucht werden, ein möglichst alle wichtigen Einflußfaktoren umfassendes Modell zur Erklärung der Nachfrage nach Gesundheitsleistungen zu konstruieren und mit den in der Gesetzlichen Krankenversicherung (GKV) erhobenen Daten für Deutschland zu schätzen. Unsere Ziele sind dabei, einen möglichst großen Anteil der beobachteten Variation in den Nachfragegrößen zu erklären und verschiedene Theorien über die Bestimmungsgründe der Inanspruchnahme zu überprüfen. Daneben hat eine solche empirische Arbeit auf einem noch relativ wenig erforschten Gebiet auch exploratorischen Charakter: Ihre Ergebnisse sollen zur Weiterentwicklung der Theorie beitragen.

Gegenstand der Untersuchung wird sowohl die Inanspruchnahme stationärer Krankenhausleistungen sein als auch die von Arzneien und von ambulanten ärztlichen Leistungen. Dabei wird der letztgenannte Leistungstyp den breitesten Raum beanspruchen, weil der Markt für ärztliche Leistungen wegen der für ihn charakteristischen Beziehung zwischen Anbieter (Arzt) und Nachfrager (Patient) eine besondere Herausforderung für die mikroökonomische Modellbildung darstellt und daher auch die ökonometrische Problemstruktur die komplizierteste ist (vgl. Kap. 3).

In jedem der Teilbereiche wird unser Augenmerk darauf liegen, Determinanten der Inanspruchnahme medizinischer Leistungen zu entdecken, die zum einen einen statistisch gesicherten Einfluß auf die untersuchten Ausgabengrößen haben und zum anderen zumindest prinzipiell einer bewußten Steuerung durch die Gesundheitsplanung zugänglich sind. Gelingt es, solche Variablen zu identifizieren und ihre Wirkungsrichtung festzustellen, so kann auf dieser Basis die Formulierung gesundheitspolitischer Handlungsempfehlungen versucht werden.

An dieser Stelle ist eine Bemerkung zur Terminologie angebracht. Das Volumen der medizinischen Leistungen, die eine bestimmte Gruppe von Patienten empfangen hat, bezeichnen wir mit den Begriffen „Inanspruchnahme" oder „Nachfrage", die wir synonym verwenden. Damit verzichten wir auf eine explizite Unterscheidung zwischen den Leistungen, die auf eine Initiative des Nachfragers (Patienten) selbst zurückgehen, und denen, die vom Anbieter (Arzt oder Krankenhaus) durch Verordnung festgelegt werden.

Stoddart u. Barer (1981) argumentieren, daß der Begriff „Nachfrage" nur für die erste Form von Leistungen gebraucht werden dürfe, das Gesamtvolumen aller Leistungen aber „Inanspruchnahme" heißen solle. Maße für die „Nachfrage" in diesem Sinne wie etwa die Anzahl von Erstkontakten zwischen Arzt und Patient (jeweils zu Beginn einer Krankheitsepisode) sind empirisch jedoch ausgesprochen schwierig zu erfassen, so daß die Trennung theoretisch bleiben muß und von uns auch sprachlich nicht übernommen wird.

1.2 Der empirische Rahmen

Am Anfang einer jeden empirischen Analyse von nichtexperimentellen Daten steht die räumliche und zeitliche Abgrenzung des Beobachtungsgegenstandes und die Wahl der Beobachtungseinheiten. Dabei sind zunächst zwei Grundfragen zu beantworten:

1. Soll eine mikro- oder eine makroökonometrische Analyse vorgenommen werden, d. h. sollen Individuen (bzw. Haushalte) oder größere Personengruppen (Regionen) als Beobachtungseinheiten dienen?
2. Sollen Querschnitts- oder Zeitreihendaten betrachtet werden?

1. Eine Möglichkeit der vergleichenden Betrachtung von Inanspruchnahmeverhalten besteht darin, einzelne Individuen oder Haushalte als Beobachtungseinheiten zu wählen. Die Technik der Datenerhebung ist dann üblicherweise die Befragung des Haushaltsvorstands. Diese Methode hat den Vorteil, daß demographische, soziologische, ökonomische und medizinische Tatbestände detailliert ermittelt werden können. Demgegenüber ist jedoch die Messung der Nachfragevariablen selbst (entweder der mengenmäßigen Inanspruchnahme oder der Ausgaben für Gesundheitsleistungen) mit Fehlern behaftet, da das Erinnerungsvermögen der befragten Person nicht vollkommen ist (vgl. Acton 1975, S. 600). Außerdem bringt die unterschiedliche Bereitschaft, persönliche Fragen zu beantworten, die Gefahr der Verzerrtheit der Ergebnisse („selectivity bias") mit sich.

Eine solche mikroökonometrische Methodik wird unter anderem von Acton (1975), Hershey et al. (1975), Phelps (1975), Phelps u. Newhouse (1974), Newhouse u. Phelps (1976) und Wan u. Soifer (1974) verfolgt. Aus dem deutschen Sprachraum sind hier Neubauer (1982), Neubauer et al. (1981) sowie die psychologisch orientierte Arbeit von Koppel (1978) zu nennen.

Alternativ dazu können größere Bevölkerungsgruppen, z. B. die Bewohner ganzer Regionen, als Beobachtungseinheiten dienen und deren Pro-Kopf-Ausgaben für medizinische Leistungen als Gegenstand der Analyse gewählt werden. Die Erfassung der Nachfragegröße ist in diesem Fall mit größerer Genauigkeit möglich, wenn Unterlagen von Krankenversicherungen oder Umsätze der Anbieter medizinischer Leistungen zugänglich sind. Andererseits werden eine Reihe von psychologischen und soziologischen Einflußfaktoren durch die Aggregation weitgehend verwischt, und auch eine detaillierte Einbeziehung medizinischer Symptome, wie sie Hershey et al. (1975) mit Haushaltsdaten versuchen, kann allenfalls durch ein globales Morbiditätsmaß für eine Bevölkerung (z. B. „Krankenstand") ersetzt werden. Als Beispiele für Studien dieser Art können Fuchs u. Kramer (1973), Holahan (1975) und Fuchs (1978) dienen.

In dieser Arbeit wird die zuletzt genannte, makroökonometrische Vorgehensweise gewählt, da verglichen mit der Erhebung von Befragungsdaten die Auswertung routinemäßig veröffentlichter Unterlagen der Krankenkassen weit weniger kostspielig ist. Diese beziehen sich jedoch grundsätzlich auf größere Versichertengruppen (z. B. alle Pflichtmitglieder einer Ortskrankenkasse), während die GKV derzeit keine Leistungskonten für einzelne Versicherte oder Haushalte führt (vgl. Schach 1981, S. 212).

2. Wir kommen nun zur zweiten konzeptionellen Frage, der Alternative zwischen Zeitreihen- und Querschnittsanalyse. Gegenstand der Untersuchung im Falle einer Zeitreihenanalyse wäre die Entwicklung des Inanspruchnahmevolumens aller Angehörigen einer Gruppe (z. B. aller Mitglieder der GKV in der Bundesrepublik) im Zeitablauf. Da die Krankenkassenstatistik nur Jahresdaten veröffentlicht, nicht jedoch Monats- oder Quartalswerte, erfordert dies die

Erfassung von Zeitreihen über mehrere Jahrzehnte, um eine hinreichend große Stichprobe zur Ableitung statistisch gesicherter Aussagen zu erhalten.

Gerade auf dem Gebiet der medizinischen Versorgung ist jedoch die Betrachtung von Zeitreihen so langer Dauer mit einer Vielzahl von Problemen behaftet, die zu großen Schwierigkeiten bei der Interpretation empirischer Resultate führen können. Zum einen sind die Güter, deren Konsum hier betrachtet wird, nämlich „medizinische Leistungen", aufgrund des medizintechnologischen Fortschritts über die Zeit nicht homogen, so daß etwa die Ausgabenentwicklung unbedingt in Mengen-, Preis- und Qualitätskomponente zerlegt werden müßte. Eine solche Aufbereitung des statistischen Rohmaterials käme jedoch nicht ohne willkürliche Abschätzungen aus, die wissenschaftlich fragwürdig wären.

Des weiteren führen gesetzliche Änderungen wie die Ausweitung des Leistungskatalogs der Krankenversicherungen und organisatorische Umstellungen regelmäßig zu Sprüngen in den Zeitreihen, die durch die Einbeziehung von Dummyvariablen in die Schätzgleichungen berücksichtigt werden müssen. Dies ist die Vorgehensweise von Henke u. Adam (1982, S. 45 ff.) bei ihrer Zeitreihenanalyse der Ausgaben der Gesetzlichen Krankenversicherung 1960–1978. Dadurch wird jedoch die Zahl der Freiheitsgrade reduziert, und die Aussagekraft der Ergebnisse nimmt ab. Schließlich kann es vorkommen, daß einmalige Ereignisse wie Grippeepidemien oder die vorübergehende Reaktion der Entscheidungsträger auf Appelle der Gesundheitspolitiker – wie sie Mitte der 70er Jahre im Zuge der Kostendämpfungsdiskussion zu beobachten war – die bestehenden zeitlichen Zusammenhänge zwischen den Modellvariablen überlagern und im Extremfall sogar unkenntlich machen.

Diese Probleme werden vermieden, wenn Daten aus mehreren verschiedenen Regionen als Beobachtungen herangezogen werden, die sich auf ein und dieselbe Zeitperiode beziehen (Querschnittsanalyse). Voraussetzung für eine zutreffende Deutung der statistischen Ergebnisse ist hier, daß die untersuchten Wirkungszusammenhänge in allen Regionen gleichermaßen als gültig vorausgesetzt werden können, so daß die Beobachtungen wie Ziehungen einer Stichprobe aus einer homogenen Grundgesamtheit behandelt werden können. Diese Bedingung dürfte für geographische Teilbereiche eines Staates mit einheitlicher Ordnung des Gesundheitswesens wie der Bundesrepublik Deutschland erfüllt sein.

Ein wichtiges Problem bei der Planung einer Querschnittsstudie ist die Bestimmung der Anzahl und der Größe der regionalen Einheiten. Die Unterteilung des Gesamtgebiets (etwa der Bundesrepublik Deutschland) in viele kleine Teilregionen hat den Vorteil, daß die Stichprobe groß und damit die Konfidenzintervalle bei der Überprüfung statistischer Hypothesen relativ klein werden. Ein Nachteil ist in diesem Fall die Ungewißheit darüber, ob jede betrachtete Teilregion tatsächlich einen geographisch abgeschlossenen Markt für medizinische Leistungen bildet, d. h. ob Ärzte der Region nur Einwohner der Region behandeln und vice versa. Ist diese Voraussetzung nämlich nicht erfüllt, so kann es zu Fehlinterpretationen der empirischen Resultate kommen, weil die erhobenen Daten über die Charakteristika der Anbieter- und der Nachfragerseite nicht richtig zugeordnet werden können.

Unterteilt man dagegen in wenige große Regionen, z. B. Bundesländer, so reicht die Anzahl der Beobachtungen nicht aus, um ökonometrische Schätzgleichungen mit mehreren erklärenden Variablen statistisch einigermaßen präzise zu schätzen, da die Anzahl der Freiheitsgrade sehr klein und die Fehlergrenzen für die Schätzkoeffizienten sehr groß werden. Einen Ausweg aus diesem Problem bildet die Möglichkeit, eine Zeitreihe von Querschnitten zu betrachten, indem man mehrere solcher Querschnitte für aufeinanderfolgende Jahre hintereinanderschaltet, so daß sich die Anzahl der Beobachtungen gegenüber einem einfachen Querschnitt in entsprechendem Maße multipliziert.

In dieser Arbeit werden 3 verschiedene Datensätze der empirischen Analyse unterzogen, wovon 2 reine Querschnitte sind und der 3. eine Zeitreihe von Querschnitten. Der zuerst untersuchte Datensatz ist auf das Bundesland Baden-Württemberg beschränkt; Beobachtungseinheiten sind 36 Stadt- und Landkreise. Im 2. Datensatz ist die Bundesrepublik Deutschland in 54 kassenärztliche Abrechnungsbezirke unterteilt, und der 3. Datensatz ist eine Zeitreihe von 6 aufeinanderfolgenden Querschnitten (1970–1975) der Bundesrepublik mit den 11 Bundesländern als Beobachtungseinheiten.

Die beiden zuletzt genannten Datensätze waren bereits vor Beginn dieser Studie von anderen Forschern (Borchert 1980; Krämer 1981) zusammengetragen und ausgewertet worden und wurden dem Autor dieser Arbeit von ihnen zur Verfügung gestellt. Demgegenüber wurde der erste Datensatz von uns auf der Grundlage eines theoretischen Erklärungsmodells erhoben. Die mehrgleisige Vorgehensweise bringt den Vorteil mit sich, daß empirische Ergebnisse ein besonderes Gewicht erlangen, wenn sie sich mehrfach in Stichproben verschiedener Art reproduzieren lassen.

1.3 Aufbau der Arbeit

Die folgenden Kapitel (2 und 3) bilden den theoretischen Teil, Kap. 4–7 den empirischen Teil dieser Arbeit.

In Kap. 2 wird das Erklärungsmodell für die Inanspruchnahme medizinischer Leistungen entwickelt. Anhand von theoretischen Überlegungen und bereits vorliegenden empirischen Ergebnissen aus früheren Studien wird diskutiert, welche Bestimmungsfaktoren auf die Inanspruchnahme einwirken sowie welche Richtung und ggf. welches Ausmaß dieser Einflüsse zu erwarten sind.

Kapitel 3 beschäftigt sich mit dem Problem, daß 2 wichtige in Kap. 2 erwähnte Determinanten der Inanspruchnahme medizinischer Leistungen, der Krankenstand der Bevölkerung und das Arztangebot, ihrerseits von der Inanspruchnahme beeinflußt werden können. Als Konsequenz wird das in Kap. 2 vorgestellte Modell zu einem simultanen Erklärungsmodell für die 3 genannten Größen erweitert, und es wird erörtert, welche weiteren exogenen Bestimmungsgründe für das Arztangebot und den Krankenstand berücksichtigt werden sollten.

In Kap. 4 wenden wir dieses Erklärungsmodell auf den ersten der 3 erwähnten Datensätze (s. 1.2), den Querschnitt für Baden-Württemberg, an. Es wird ausführlich erläutert, welche Probleme bei der Messung der Variablen des theoretischen Erklärungsmodells aus Kap. 2 und 3 auftreten und wie sie zu lösen sind.

Anschließend werden die Ergebnisse der Anwendung der multiplen Regressionsanalyse auf diesen Datensatz vorgestellt und interpretiert.
In den Kap. 5 und 6 wiederholen wir unsere Vorgehensweise anhand der beiden
anderen oben beschriebenen Datensätze. Wir untersuchen, wie sich die empirischen Ergebnisse gegenüber den vorliegenden Analysen dieser Datensätze durch
Borchert (1980) bzw. Krämer (1981) ändern, wenn unser Schätzmodell aus Kap.
2 und 3 angewendet wird.
In Kap. 7 werden zunächst die empirischen Ergebnisse aus den 3 verschiedenen
Datensätzen verglichen und ihre Vereinbarkeit diskutiert. Anschließend unternehmen wir den Versuch, aus den Resultaten Schlußfolgerungen bezüglich der
Steuerung der medizinischen Versorgung durch gesundheitspolitische Maßnahmen abzuleiten.

Teil I: Theorie

„Theorie (ist) eine Brille,
durch die wir falsche und
ohne die wir gar keine
Zusammenhänge sehen."

(Helmar Nahr,
zitiert bei Sölter 1981, S. 29)

2 Determinanten der Inanspruchnahme medizinischer Leistungen

In diesem Kapitel diskutieren wir, welche ökonomischen, demographischen und sonstigen Größen als Bestimmungsfaktoren für das Niveau der Inanspruchnahme medizinischer Leistungen in Frage kommen und daher in einer ökonometrischen Schätzgleichung zur Erklärung der Inanspruchnahme berücksichtigt werden sollten. Die konkrete Messung der Variablen wird dabei zunächst offengelassen; sie wird im empirischen Teil dieser Arbeit (Kap. 4–6) behandelt werden.

In Anlehnung an Andersen (1975, S. 5) unterteilen wir die Einflußfaktoren der Inanspruchnahme in die folgenden 4 Kategorien:[1]

1. finanziell relevante Variablen: Preise und Einkommen,
2. medizinischer Bedarf: Gesundheitszustand,
3. individuell und sozial prädisponierende Faktoren,
4. Verfügbarkeit des Angebots: Arztdichte bzw. Krankenhausbettendichte.

Die genannten Gruppen werden im folgenden einzeln daraufhin untersucht, inwiefern Variationen in diesen Größen zur Erklärung von Diskrepanzen in der Nachfrage nach medizinischen Leistungen zwischen verschiedenen Regionen dienen können. Dazu werden sowohl theoretische Überlegungen als auch bereits vorliegende Ergebnisse empirischer Studien, v. a. aus den USA, herangezogen.[2]

Die Hypothesen, die aus den theoretischen Überlegungen ableitbar sind, werden einen höheren Grad an Unschärfe aufweisen, als es in weiten Teilen der ökonomischen Theorie üblich ist. Denn das Paradigma der rationalen Wahlhandlung angesichts klar formulierter Ziele (z. B. Gewinnmaximierung) und Restriktionen (z. B. Menge aller effizienten Produktionsprozesse) ist auf die hier betrachtete Situation der Nachfrage nach Gesundheitsleistungen nicht voll übertragbar. Stattdessen haben wir es mit menschlichem Verhalten in viel allgemeinerem Sinne zu tun, für das Aspekte wie Erziehung, Gewohnheit, psychische und soziale Komponenten in starkem Maße und mit oft nicht eindeutig identifizierbarer Wirkung eine Rolle spielen.[3]

Die Konsequenz ist eine „weiche" Theorie: Bei einigen der zu untersuchenden Variablen kann nicht einmal das Vorzeichen des Einflusses auf die Inanspruchnahme eindeutig prognostiziert werden, bei anderen zwar das Vorzeichen

---

1 Andersen faßt allerdings die 1. und 4. Gruppe unter dem Titel „enabling components" zusammen, so daß er zur Dreiteilung „enabling – predisposing – need" gelangt.

2 Umfassende Erörterungen aller möglichen Einflußfaktoren und empirische Ergebnisse dazu finden sich u. a. in Holahan (1975), Andersen u. Newman (1973), Newhouse (1981).

3 Schulenburgs (1981, S. 88ff.) Modell eines rational entscheidenden Konsumenten bzw. Patienten ist daher wohl in erster Linie als ein „exercise in neoclassics" mit begrenzter Prognosefähigkeit anzusehen.

(qualitative Voraussage), aber nicht die Stärke des Effekts (quantitative Voraussage).

Anders sähe es aus, falls das Volumen der Inanspruchnahme vollständig durch die Leistungsanbieter (Ärzte) determiniert und deren Entscheidungen durch ihr Eigeninteresse gesteuert würde. Dieser Fall ist in Breyer (1984) in einem formalen Modell des Rationalverhaltens von Ärzten erfaßt. Das Modell, dessen wesentliche Folgerungen wir in Abschn. 2.4.2 referieren werden, dient dazu, quantitative Voraussagen über den Zusammenhang zwischen der Arztdichte und der Inanspruchnahme ärztlicher Leistungen zu gewinnen und damit den Boden für eine empirische Überprüfung der These von der „Angebotsinduziertheit der Nachfrage" zu bereiten.

2.1 Preise und Einkommen

Im Vordergrund des Interesses vieler amerikanischer Studien steht die Messung der Preiselastizität der Nachfrage nach medizinischen Leistungen. Die relevante Preisvariable ist dabei der vom Patienten zu tragende Effektivpreis, der sich im Falle eines Krankenversicherten aus dem Bruttopreis der jeweiligen Leistung multipliziert mit dem vereinbarten Selbstbeteiligungssatz ergibt.

Die Höhe der Preiselastizität hat erhebliche wohlfahrtstheoretische Relevanz. Eine Versicherung gegen Krankheitskosten bringt nämlich zwei verschiedene Wohlfahrtswirkungen mit sich, zum einen eine Wohlfahrtserhöhung durch die Streuung von Risiken und zum anderen eine Wohlfahrtsminderung durch die Verzerrung von Konsumentenpreisen, so daß notwendigerweise eine Abwägung zwischen beiden Wohlfahrtseffekten vorgenommen werden muß (vgl. Zeckhauser 1970).

Dieser Zielkonflikt ist umso schärfer, je stärker die nachgefragte Menge auf die Preisverzerrung reagiert (vgl. Pauly 1968; Feldstein 1973), d.h. je größer der Betrag der Preiselastizität ist. In der Diskussion um die Ausgestaltung einer möglichen sozialen Krankenversicherung in den USA spielen daher Preiselastizitäten eine wichtige Rolle. Empirische Schätzungen der Preiselastizität für ausgewählte Leistungsarten, z.B. Arztkontakte, gehen jedoch weit auseinander (für einen Überblick vgl. P. J. Feldstein 1979, S. 92) und sind darüber hinaus oft mit erheblichen ökonometrischen Problemen behaftet (vgl. Newhouse et al. 1980). Wir diskutieren diese Schätzungen nicht im Detail, da sie für das System der Gesetzlichen Krankenversicherung (GKV) in der Bundesrepublik Deutschland, das bis auf wenige Ausnahmen keine Selbstbeteiligung der Patienten vorsieht, nicht unmittelbar relevant sind. Wollte man eine entsprechende Fragestellung für die deutschen Verhältnisse beantworten, so müßte man in Form eines kontrollierten Experiments Selbstbeteiligungsregelungen einführen, wie es in der oben zitierten „Health Insurance Study" in den USA geschehen ist. Aus den existierenden Daten lassen sich Preiseffekte aus dem genannten Grund nicht herauslesen.

Bezüglich der Rolle des Einkommens lautet die meistdiskutierte Frage: Gehört medizinische Behandlung zur Kategorie der essentiellen oder der Luxusgüter, m.a.W. ist die Einkommenselastizität <1 oder >1? Auch die Beantwortung dieser Frage hängt nach Auffassung von Newhouse (1977) wesentlich davon ab, ob der Entscheidungsträger mit den gesamten Kosten für den Verbrauch zusätzlicher Ressourcen konfrontiert ist: Ist dies der Fall, so wird das Einkommen eine entscheidende Rolle spielen, andernfalls wird es unbedeutend sein und somit sicher eine Elastizität < 1 aufweisen.

In der Tat wurden Einkommenselastizitäten > 1 hauptsächlich in Vergleichen der Anteile der Gesundheitsausgaben am Volkseinkommen zwischen verschiedenen Ländern (Newhouse 1977, S. 117) oder für ein Land über die Zeit (z. B. Herder-Dorneich 1966, S. 119) gefunden: je höher das Sozialprodukt, umso größer auch der Anteil der Gesundheitsausgaben daran. Dies bestätigt die genannte These von Newhouse, da eine Volkswirtschaft als Ganzes natürlich immer die vollen (Grenz-)Kosten der im Gesundheitswesen gebundenen Produktionsfaktoren tragen muß.

Das Ergebnis von Paffrath (1976), daß Gesundheitsleistungen *mengenmäßig* (z. B. die Zahl der Krankenhaustage je Kopf der Bevölkerung) in der Bundesrepublik 1963–1972 sehr viel langsamer gewachsen sind als das reale Sozialprodukt, vermag diese Erkenntnis nicht zu widerlegen, da eine Grundvoraussetzung zur Ableitung von Aussagen über Einkommenselastizitäten hier verletzt war, nämlich die Konstanz der relativen Preise: Medizinische Leistungen haben sich im Zeitraum seiner Betrachtung überproportional verteuert. Ursächlich hierfür war u. a. der starke Anstieg der Qualität der stationären Versorgung, so daß ein Krankenhaustag 1963 und ein Krankenhaustag 1972 heterogene Güter darstellen.

Querschnittsanalysen innerhalb eines Landes weisen demgegenüber fast immer Einkommenselastizitäten von weit unter 1 aus (z. B. Andersen u. Benham 1970; Newhouse u. Phelps 1974, 1976; Fuchs u. Kramer 1973), eine Ausnahme stellt lediglich die Arbeit von Silver (1970) dar, der einen Wert von 1,2 bezüglich der gesamten *Ausgaben* für medizinische Leistungen fand. In dem Umfang, in dem von den Ärzten Preisdiskriminierung betrieben wurde, d. h. Patienten mit geringerem Einkommen niedrigere Preise zahlten, übertreibt dieser Wert jedoch den der Einkommenselastizität der nachgefragten *Menge* (Fein 1970), so daß letztlich auch aus diesen Daten keine Luxusguteigenschaft abgelesen werden kann.

Welche Rolle wird das Einkommen nun im System der GKV spielen, in dem der einzelne überhaupt keinen Anteil an den von ihm verursachten Behandlungskosten trägt? Zwei Überlegungen deuten darauf hin, daß hier dennoch mit einer positiven, wenn nicht sogar überproportionalen Reaktion der konsumierten Gesundheitsleistungen auf das Einkommen zu rechnen ist.

Zum einen nimmt mit steigendem Wohlstand die Bedeutung der Gesundheit zu (vgl. Herder-Dorneich 1976, S. 20), da man in vielen Fällen gesund sein muß, um Güter gehobenen Konsums genießen zu können, Gesundheit also zu diesen komplementär ist. Beispiele hierfür sind Reisen sowie die Ausübung von Sportarten wie Skifahren, Tennis oder Reiten. Aus diesem Grunde wird mit dem Einkommen auch die Nachfrage nach gesundheitserhaltenden oder -wiederherstellenden Leistungen zunehmen. Zum anderen sind in der GKV die Versicherungsbeiträge an das Einkommen des Versicherten geknüpft. Bei ständig steigenden Beiträgen entsteht somit ein Anreiz, sich durch höhere Inanspruchnahme zu entschädigen (Herder-Dorneich 1966, S. 149).

Gegenläufige Effekte sind denkbar, wenn man berücksichtigt, daß das Einkommen in empirischen Studien oft als Stellvertreter („proxy") für andere schwer meßbare Variablen fungiert. In diesem Zusammenhang wären Lohnsatz und Schulbildung zu nennen. Der Lohnsatz ist insofern relevant, als er der „Zeitpreis" für den mit dem Arztbesuch verbundenen Zeitaufwand ist (vgl. Phelps u. Newhouse 1974). Steigender Lohnsatz, d. h. bei konstanter Arbeitszeit steigendes Einkommen, sollte daher mit sinkender Inanspruchnahme medizinischer Leistungen einhergehen. Insoweit als höheres Einkommen auch höheres Bildungsniveau reflektiert, ist ebenfalls ein dämpfender Einfluß auf die Inanspruchnahme zu erwarten (vgl. 2.3).

Der Nettoeffekt aus den beschriebenen gegenläufigen Einflüssen ist somit theoretisch nicht bestimmbar, so daß a priori keine eindeutige Hypothese für das Vorzeichen des Einkommenseffekts formuliert werden kann. Erst aus den Ergebnissen wird abgelesen werden können, welcher der Einflüsse überwogen hat.

2.2 Der Gesundheitszustand

Es bedarf keiner weiteren Erläuterung, daß der Gesundheitszustand einer Person bzw. die Morbidität (d. h. Krankheitsrate) in einer Bevölkerung eine wichtige Determinante der jeweiligen Nachfrage nach Gesundheitsgütern sein wird. Zu fragen ist eher, wie diese Variable erfaßt werden kann und wie die Schätzergebnisse zu interpretieren sind.

Die besten Voraussetzungen für die Messung bieten Studien, die auf direkter Befragung von Individuen beruhen. Hershey et al. (1975) legten ihren Versuchspersonen eine Liste mit 21 verschiedenen medizinischen Symptomen vor und konstruierten daraus 3 Symptomkategorien. Als erklärende Variablen verwendeten sie die Anzahl von vorhandenen Symptomen in den jeweiligen Kategorien sowie eine Dummyvariable für das Vorliegen chronischer Gesundheitsstörungen. Alle diese Variablen wiesen einen starken und signifikanten Einfluß auf das Volumen der nachgefragten Leistungen auf.

Die meisten übrigen individuumbezogenen Studien benutzen dagegen globale Krankheitsindikatoren, in der Mehrzahl den subjektiv empfundenen Gesundheitszustand („self-perceived health status") mit 4 Stufen („excellent" – „good" – „fair" – „poor") oder die Variable „Häufigkeit von Schmerzen". Auch mit dieser Art der Messung läßt sich eine mit der Verschlechterung der Gesundheit steigende Nachfrage nach ärztlichen Leistungen nachweisen (z. B. Phelps 1975). Newhouse (1981, S. 92) bemerkt hierzu jedoch, daß man bei der Interpretation des Effekts vorsichtig sein muß, weil eine Verkehrung der Ursache-Wirkungs-Richtung vorliegen kann: Personen, die häufiger den Arzt aufsuchen, haben eine größere Chance, daß latente Krankheiten bei ihnen aufgedeckt werden, und sind sich damit zum Zeitpunkt der Befragung eines schlechteren Gesundheitszustands bewußt als seltenere Arztbesucher.

Überraschend ist an den zitierten Ergebnissen, daß der Zusammenhang zwischen Gesundheitszustand und Inanspruchnahme medizinischer Leistungen nicht noch enger ist. So erklären die Schätzgleichungen von Phelps (1975) und Hershey et al. (1975), obwohl sie neben dem Gesundheitszustand noch zahlreiche weitere exogene Variablen aus den übrigen obengenannten Kategorien umfassen, in keinem Fall mehr als ein Viertel der Varianz der Inanspruchnahmevariablen. Diese Ergebnisse decken sich auch mit den Erkenntnissen aus Reihenuntersuchungen repräsentativer Bevölkerungsstichproben, die zeigen, daß bei der überwiegenden Mehrheit aller Untersuchten (in manchen Fällen: über 90 %) Gesundheitsstörungen vorlagen, während erfahrungsgemäß nur die Minderheit einen Arzt aufsucht. Koppel (1978) schließt aus den Zahlen dieser Studien, daß in 60–90 % aller Krankheitsepisoden kein Arzt-Patient-Kontakt stattfindet.

Dies wirft die grundsätzlichere Frage auf, ob objektiv feststellbarer Bedarf ein sinnvolles Konzept zur Erklärung der Nachfrage nach Gesundheitsgütern darstellt. Schon Herder-Dorneich (1966, S. 107 ff.) vertritt die Auffassung, der objektive Bedarf trete bei hohem Versorgungsniveau hinter die subjektiven, d. h. interpersonell nicht vergleichbaren Bedürfnisse zurück. Der daraus von ihm abgeleitete Krankheitsbegriff macht die hier zu testende Hypothese der Bedarfsabhängigkeit der Nachfrage zirkulär: „Krank ist ..., wer Nachfrage nach Gesundheitsgütern entfaltet." (Herder-Dorneich, 1966, S. 109). Diese Konsequenz erscheint uns jedoch als zu radikal, denn immerhin wird der Erklärungswert der Schätzgleichungen von Hershey et al. (1975, S. 850 f.) noch weitaus kleiner, wenn auf die Einbeziehung der Maße für den Gesundheitszustand verzichtet wird.

Soll das Bedarfskonzept auch in Studien mit Makrodaten, d. h. mit Personengruppen als Beobachtungseinheiten, eingebracht werden, so muß ein geeignetes Maß für die Morbidität einer Bevölkerung gefunden werden. Während die zu dieser Art von Studien zählenden amerikanischen Arbeiten (Fuchs u. Kramer 1973; Holahan 1975) hierzu keinen Versuch unternommen haben, verwendet die erste deutsche Arbeit (Borchert 1980) unter dem Titel „Bedarfsindex" eine Variable, die lediglich die Alters- und Geschlechtsverteilung der Bevölkerung berücksichtigt. Während Alter und Geschlecht u. E. keine Indikatoren, sondern allenfalls Determinanten des Bedarfs (d. h. der Morbidität) sind und in der üblichen Klassifikation zu den prädisponierenden Variablen (vgl. 2.3) gerechnet werden, können bei der dort gewählten Vorgehensweise insbesondere diejenigen Variationen der Morbidität nicht erfaßt werden, die bei gegebener Alters- und Geschlechtsstruktur auftreten.

In der vorliegenden Arbeit folgen wir der Anregung Helbergers (1976), sich bei der Messung der Morbidität am Beeinträchtigungskonzept zu orientieren und als Indikator die Arbeitsunfähigkeitstage je Versicherten zu verwenden. Dies kann offenbar kein perfektes Maß für die Morbidität sein, da es nur bei abhängig erwerbstätigen Personen definiert ist und auch bei diesen nicht jede behandlungsbedürftige Krankheit zu Arbeitsunfähigkeit führt. Daneben ist auch ein umgekehrter Meßfehler möglich, wenn mißbräuchliche oder nicht notwendige Krankschreibungen vorgenommen werden. Den zuletzt genannten Fehler schätzt Helberger (1976, S. 49) als nicht sehr groß ein, während die aktuellen Vorschläge zu einer Wiedereinführung von Karenztagen bei der Lohnfortzahlung offenbar auf der Annahme basieren, daß zumindest bei vielen kürzeren Fehlzeiten keine wirkliche Krankheit vorliegt.

2.3 Prädisponierende Faktoren

Innerhalb der Klasse von prädisponierenden Faktoren kann man wiederum nach individuellen und sozialen Charakteristika trennen. Zu den individuellen Determinanten werden Alter, Geschlecht, Hautfarbe (bei Studien aus den USA), Bildungsstand sowie verschiedene weitere psychosoziale Tatbestände gezählt. An sozialen Determinanten kommen der Urbanitätsgrad, soziale Normen und die technologische Entwicklung der Medizin in Frage (vgl. Andersen u. Newman 1973).

Die Variablen Alter und Geschlecht sind dabei in erster Linie als unvollkommene Indikatoren („predictors") des oft nicht genauer meßbaren medizinischen Bedarfs, d.h. der Morbidität zu verstehen. Ist der Gesundheitszustand z.B. in Form von 4 Stufen erfaßt (vgl. 2.2), so kann das Alter des Befragten eine Proxyvariable für die Schwere von Erkrankungen sein (Phelps 1975, S. 110) und die Variable Geschlecht unterschiedliche Reaktionen auf Krankheit vorhersagen. So fand Acton (1975), daß Männer ihren Gesundheitszustand stärker absinken lassen, ehe sie Behandlung nachfragen, und daher mehr stationäre Behandlung benötigen als Frauen.

In manchen Studien (z.B. Colle u. Grossman 1978; Hershey et al. 1975) wurde ein positiver Einfluß der Länge der Schulbildung auf die Nachfrage nach Präventivleistungen, aber ein negativer Einfluß auf den gesamten Leistungsumfang nachgewiesen. Diese Ergebnisse bestätigen eine Theorie von Grossman (1972), die besagt, daß Personen mit mehr Bildung „effizientere Produzenten des Gutes Gesundheit" sind, d.h. mit einer geringeren Menge des Inputs medizinische Behandlung auskommen. Konkret kann sich dieser Einfluß dergestalt bemerkbar machen, daß Gebildetere seltener den Arzt wechseln (vgl. Rohrbacher et al., 1981, S. 97). Fachärzte direkt – ohne den Umweg über einen Allgemeinarzt – konsultieren und den ärztlichen Therapieplan genauer befolgen. Darüber hinaus scheinen sie skeptischer gegenüber chirurgischen Eingriffen zu sein (Bombardier et al. 1977).

Eine detaillierte Erfassung psychosozialer Umstände und persönlicher Einstellungen haben insbesondere Hershey et al. (1975) und Koppel (1978) versucht und einige auffallende Beziehungen zur Nachfrage nach ärztlichen Leistungen gefunden. So beobachtete Koppel, daß familiäre Unzufriedenheit vor allem bei Frauen zu häufigeren Arztbesuchen führt und daß ferner gute Beziehungen zu den eigenen Eltern mit mehr Arztbesuchen verbunden sind, vermutlich weil das Arzt-Patient-Verhältnis einer Eltern-Kind-Beziehung ähnelt (Koppel, 1978, S. 79).

Unter den sozialen Determinanten könnte der Verstädterungsgrad die größte Rolle spielen. Die mit dem Großstadtleben einhergehende Auflösung des (für die Krankenpflege bedeutsamen) Familienverbandes und die Intensivierung der Arbeitsteilung sprechen eindeutig für eine verstärkte Inanspruchnahme professioneller Behandlung. Zudem ist in Städten eine geringere geographische Entfernung zu den Versorgungsquellen zu erwarten. Da die Entfernung eine wichtige

Determinante des Zeitpreises der Behandlung für den Patienten ist (vgl. Acton 1975; Phelps u. Newhouse 1974), müßte dies ebenfalls zu einem positiven Stadt-Land-Gefälle im Leistungsumfang der Gesundheitsdienste führen.

2.4 Die Angebotsdichte

Eine der wenigen Gruppen von Variablen, auf die die Gesundheitsplanung zumindest im Prinzip erheblichen Einfluß nehmen kann, ist das Angebot an medizinischen Versorgungseinrichtungen (Krankenhäuser und Arztpraxen). Daher lautet eine für den Gesundheitspolitiker besonders wichtige Frage: Wie reagiert die Nachfrage nach medizinischen Leistungen auf Änderungen der Versorgungsdichte im Gesundheitswesen? Kommt es bei einer Ausweitung des Angebots zu einer Bewegung entlang der bestehenden Nachfragekurve (wie auf herkömmlichen Märkten) oder wird die Nachfragekurve selbst nach rechts verschoben?
Die These vom „demand-shift" (vgl. Fuchs 1978, S. 37) oder synonym von der „Angebotsinduziertheit der Nachfrage nach medizinischen Leistungen" steht im Mittelpunkt der Erörterungen in diesem Abschnitt. Während sie auf den Bereich der ambulanten wie der stationären Gesundheitsversorgung gleichermaßen anwendbar ist, behandeln wir hier exemplarisch nur den ersten Bereich, wir fragen also nach den theoretischen Gründen für einen Einfluß der Arztdichte auf die Inanspruchnahme ambulanter ärztlicher Leistungen.[1]

2.4.1 Alternative Erklärungen für einen positiven Zusammenhang zwischen Arztdichte und Nachfrage nach ärztlichen Leistungen

Die These von der Angebotsinduziertheit der Nachfrage nach Gesundheitsgütern basiert auf einer Besonderheit der Märkte für medizinische Leistungen, nämlich der hierarchischen Beziehung zwischen dem Anbieter oder Leistungserbringer (Arzt) und dem Nachfrager oder Leistungsempfänger (Patient). Der Patient wählt nicht als „souveräner Konsument" aus einer vom Arzt oder Krankenhaus angebotenen Leistungspalette aus, sondern delegiert dieses Recht an den Arzt (vgl. Arrow 1963, S. 965ff.), und dieser verordnet eine von ihm selbst oder von anderen Anbietern (Apotheken, Facharzt, Krankenhaus) bereitgestellte Leistung. Dem Patienten bleibt dann in der Regel lediglich die Wahl, dieser Vorschrift Folge zu leisten oder nicht. Darüber hinaus ist auch diese Wahl keine wirklich freie Entscheidung, denn es herrscht unter Medizinern wie Laien weitgehende Einigkeit darüber, daß Vertrauen in die Kompetenz des behandelnden Arztes eine wichtige Voraussetzung für den Heilerfolg ist.
Da es somit für den einzelnen Behandlungsfall plausibel ist, daß der Arzt und nicht der Patient die „Nachfragemenge" determiniert, läßt sich diese Beziehung auf den Markt für ärztliche Leistungen als Ganzes übertragen: Die Nachfrage-

---

1 Einen ausgezeichneten Überblick über die Begründungen dieser These und Versuche ihrer empirischen Überprüfung gibt Adam (1983).

kurve, die das geplante Volumen der Inanspruchnahme ärztlicher Leistungen bei alternativen Preisen angibt, spiegelt danach in überwiegendem Maße Entscheidungen der Anbieter und nicht der Nachfrager wider.

Dieser Umstand ist dann ohne Belang, wenn der Arzt sich dabei als perfekter Sachwalter des Patienten verhält, seine Entscheidung also vollkommen in dessen Sinne trifft (Feldstein 1974, S. 383). Dieser Fall ist jedoch wenig realistisch. So fand Monsma (1970) in einer empirischen Studie, daß die Häufigkeit bestimmter chirurgischer Eingriffe wie Mandel- oder Blinddarmoperationen signifikant positiv mit dem Grenzerlös für den behandelnden Arzt zusammenhängt: Unter Einzelleistungsvergütung („fee-for-service") wurde weit mehr operiert als bei einer jährlichen Pauschalhonorierung der Ärzte (vgl. auch Bunker 1970). Die konventionelle Markttheorie hätte dagegen bei vollkommener Sachwalterfunktion des Arztes lediglich die Grenzkosten für den Patienten als Argument für Unterschiede in der Nachfragemenge zugelassen.

Ein Anbietereinfluß auf die Nachfrageentscheidungen *ohne* perfekte Sachwalterschaft hat schwerwiegende Konsequenzen für das Marktergebnis und dessen komparativ-statische Eigenschaften (Abb. 2.1a und 2.1b, vgl. Fuchs 1978): Kommt es infolge eines Anwachsens der Arztdichte zu einer Ausweitung der geplanten Angebotsmenge bei jedem Preisniveau, d. h. zu einer Rechtsverschiebung der Angebotskurve von A^1 auf A^2, so würde – normale Kurvenverläufe vorausgesetzt – bei gegebener (unbeeinflußbarer) Nachfragekurve N eine Erhöhung des tatsächlich realisierten Leistungsvolumens nur bei einer Senkung des Preises für ärztliche Leistungen eintreten (Bewegung von Punkt Q^1 zu Q^2 in Abb. 2.1a). Liegt jedoch auch das Nachfrageverhalten im Entscheidungsbereich der Ärzte, so können sie die Nachfragekurve weit genug nach außen verschieben (von N^1 auf N^2), um die geplante Ausweitung des Leistungsvolumens zu gleichbleibenden Preisen realisieren zu können (Bewegung von Punkt R^1 zu R^2 in Abb. 2.1b).

Ist die These von der Angebotsinduziertheit der Nachfrage nach ärztlichen Leistungen in ihrer extremen Version gültig, so wird von einer Zunahme der Ärztezahl weder die Arbeitsauslastung des einzelnen Arztes noch sein Einkommen negativ berührt: Durch systematische Variation der erbrachten Leistungen

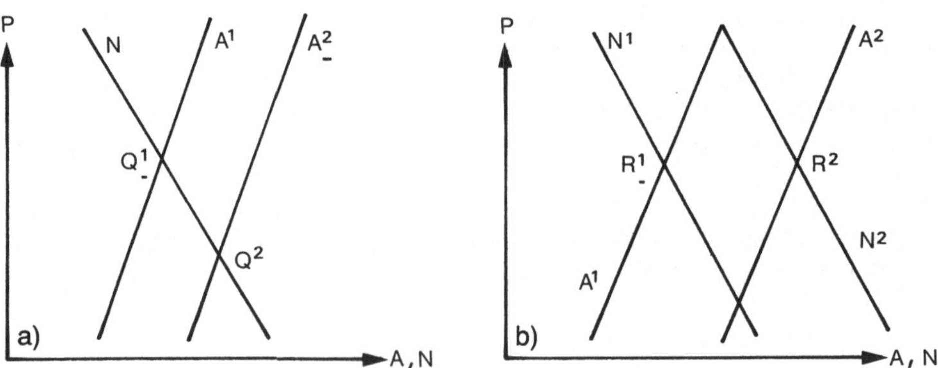

Abb. 2.1.a Angebotsausweitung ohne „demand-shift". **b** Angebotsausweitung mit „demand-shift"

pro Behandlungsfall sorgen die Ärzte dafür, daß ihre Auslastung im erwünschten Maß aufrechterhalten bleibt, ohne daß ein Konkurrenzdruck auf die Preise für ihre Verrichtungen entsteht. Somit werden beide Komponenten ihres Einkommens, Mengen und Preise, von den üblichen marktmäßigen Konsequenzen einer Angebotsausdehnung abgeschottet.[1]

Hinweise auf eine Verschiebung der Nachfragekurve liefern eine Reihe von empirischen Studien (darunter Lewis 1969; Fuchs u. Kramer 1973; Evans 1974; Fuchs 1978; Richardson 1981). In vielen Fällen gelang es zu zeigen, daß die durchschnittliche Arbeitsauslastung der Ärzte nur wenig zurückging, wenn die Arztdichte zunahm. Evans (1974) spricht von einer unvollkommenen Nachfragebeeinflussung, weil die von ihm gefundene Elastizität der Auslastung bezüglich der Arztdichte näher bei Null liegt, dem Wert für vollkommene Angebotsabhängigkeit der Nachfrage, als bei −1, dem Wert bei Abwesenheit von Angebotsinduzierung.

Es ist jedoch sorgfältig zu prüfen, ob eine positive statistische Beziehung zwischen Arztdichte und Inanspruchnahme ärztlicher Leistungen (ohne gleichzeitige Variation der betreffenden Preise) grundsätzlich eine gezielte Beeinflussung der Nachfrage durch die Ärzte im Sinne unserer Erläuterungen zu Abb. 2.1b widerspiegelt. Denn für einen solchen Zusammenhang gibt es eine Reihe verschiedener Erklärungen, die nach Pauly (1980) in die folgenden 4 Kategorien klassifiziert werden können:

1. Es kann sich um ein statistisches Artefakt handeln, d.h. die Variation der Arztdichte ist nicht *ursächlich* für die der Inanspruchnahme. Hierfür gibt es wiederum 2 mögliche Erklärungen:

   a) Die Ärzte haben bei ihren Niederlassungsentscheidungen auf antizipierte Nachfrageunterschiede zwischen den einzelnen Regionen reagiert. Die Ursache-Wirkungs-Richtung ist also gerade umgekehrt zu der oben postulierten. Es ist daher ein Fehler, die Arztdichte als exogen und die Inanspruchnahme als endogen zu spezifizieren.

   b) Der positive statistische Zusammenhang beruht auf einer Scheinkorrelation: Ursächlich für die Variationen der Inanspruchnahme sind in der Schätzung nicht erfaßte exogene Größen, die ihrerseits (zufällig oder systematisch) mit der Arztdichte korreliert sind.

2. Der beobachtete Zusammenhang zwischen Arztdichte und Inanspruchnahme kann auch darauf zurückgehen, daß der Markt für ärztliche Leistungen durch permanenten Nachfrageüberhang gekennzeichnet ist. Die damit einhergehende Rationierung durch Limitierung des Preises *unterhalb* des Gleichgewichtsniveaus könnte, wie Feldstein (1970) argumentiert, in Interesse von Ärzten liegen, die den Nachfrageüberhang brauchen, um sich die für sie medizinisch interessanten Fälle auswählen zu können.

---

1 Bei völliger Kontrolle der Ärzte über die Leistungsmenge könnte man die definitorische Trennung zwischen „Angebot" und „Nachfrage" aufgeben und das Ergebnis der ärztlichen Entscheidung schlicht als „Angebotskurve" interpretieren. Bei dieser Deutung wird das Ergebnis von Feldstein (1970) plausibel, der in einer Zeitreihenuntersuchung für die USA 1948–1966 fand, daß die erbrachte Leistungsmenge mit dem Preis stieg. Problematisch an dieser Betrachtungsweise ist lediglich, daß mit ihr das Zustandekommen eines (gleichgewichtigen) Marktpreises nicht erklärt werden kann. Sie ist somit nur bei administrativ fixierten Preisen sinnvoll.

Da annahmegemäß alle Ärzte bis zur Grenze ihrer physischen und zeitlichen
Kapazität ausgelastet sind, aber dennoch Patienten abweisen müssen, steigt
das Leistungsvolumen insgesamt in demselben Maße wie die Ärtezahl. In
Abb. 2.2 ist dieser Fall dargestellt, in dem die beobachteten Punkte Q^1 bzw.
Q^2 auf der sich verschiebenden Angebotskurve und nicht auf der Nachfragekurve liegen.

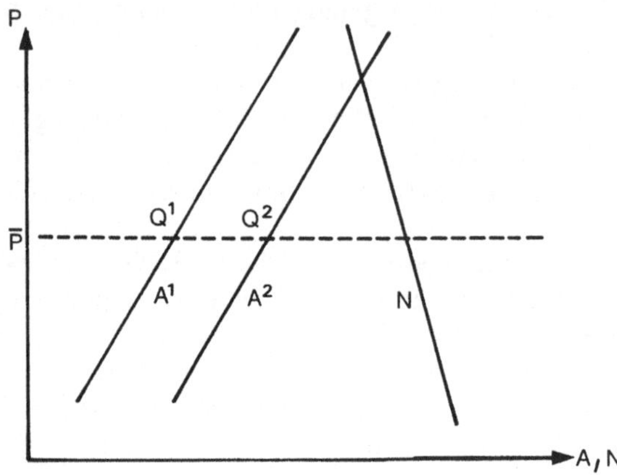

Abb. 2.2. Auswirkung einer Angebotsausweitung bei festem Preis $\bar{p}$ und Nachfrageüberhang

Diese Version eines etwaigen Verfügbarkeitseffekts scheint speziell für ein
System wie das der GKV in der Bundesrepublik einleuchtend, das einen
direkten Benutzerpreis von Null vorsieht. Geht man davon aus, daß erst bei
einem außerordentlich hohen Versorgungsniveau der Grenznutzen eines
Arztkontakts für den Patienten Null wird, so ist es durchaus denkbar, daß ein
ständiger Überschuß der geplanten Nachfrage über das Angebot vorliegt.

3. Eng damit verbunden ist eine weitere Erklärung für den Verfügbarkeitseffekt,
   nämlich das Absinken der indirekten Kosten für den Patienten bei steigender
   Arztdichte. Diese wird sich nämlich zum einen darin äußern, daß mehr
   Arztpraxen eröffnet werden und damit die Zeit- und Wegekosten zum Erreichen des Arztes zurückgehen. So hat Acton (1975) gezeigt, daß die Entfernung des Wohnsitzes von der Quelle medizinischer Versorgung eine wesentliche Determinante der Nachfrage ist.

Zum anderen wird mit zunehmender Arztdichte auch die durchschnittliche
Wartezeit im Wartezimmer verkürzt, vorausgesetzt die Arbeitsauslastung der
Ärzte sinkt. Ferner wird die Zeitspanne reduziert, die man im Durchschnitt
auf einen Bestelltermin warten muß. Da viele Erkrankungen nach einer
gewissen Zeit auch ohne ärztliche Behandlung vorübergehen, wächst somit
die Chance, daß die Befindlichkeitsstörung bei Erreichen des Termins noch
anhält und es somit zu einer Behandlung kommt.

Schließlich wird bei zunehmender Arztdichte und abnehmender Auslastung
der Ärzte i. allg. die Beratungszeit je Patient ausgedehnt. Sofern die Patienten
diese als wesentliches Qualitätsmerkmal ansehen, dürften sie – bei gleichbleibenden Preisen – auf die Qualitätserhöhung mit einer Nachfrageausweitung
reagieren.

Alle diese Überlegungen zeigen, daß der beobachtete „Verfügbarkeitseffekt" auch dann eintreten kann, wenn der Patient völlig frei über die von ihm in Anspruch genommene Leistungsmenge entscheidet.

4. Nur die letzte Version des Verfügbarkeitseffekts kann als Nachfragebeeinflussung im engeren Sinne bezeichnet werden, nämlich die systematische Manipulation der Information, die der Arzt an seinen Patienten gibt. In diese Kategorie fallen Änderungen im Überweisungs- und Wiederbestellverhalten von Ärzten sowie sicher auch Variationen der Anzahl der erbrachten Leistungen pro Konsultation bei drohendem Absinken ihrer Arbeitsauslastung und damit ihres Einkommens.

Pauly (1980, S. 80) argumentiert, daß dieser Effekt davon abhängen sollte, welchen ursprünglichen Informationsstatus die Patienten mitbringen, und schlägt das Bildungsniveau als Proxyvariable hierfür vor. Tatsächlich findet er in seiner empirischen Analyse anhand von Haushaltsdaten (Pauly 1980, S. 82 ff.) einen signifikanten Verfügbarkeitseffekt nur für Familien mit geringer Schulbildung des Haushaltsvorstands.

Da von Angebotsinduziertheit der Nachfrage im eigentlichen (und gesundheitspolitisch relevanten) Sinn nur bei Interpretation 4. gesprochen werden kann, ist es von wesentlicher Bedeutung, zwischen den alternativen Erklärungen empirisch diskriminieren zu können.

Eine Unterscheidung zwischen Version 1. und den übrigen 3 Interpretationen ist möglich, wenn man ein simultanes Erklärungsmodell konstruiert, das sowohl die Arztdichte als auch die Inanspruchnahme ärztlicher Leistungen als endogen behandelt und somit Ursache-Wirkungs-Beziehungen in beiden Richtungen zuläßt (vgl. Kap. 3) und zudem versucht, in einem multivariaten statistischen Ansatz möglichst alle relevanten Einflußfaktoren der Inanspruchnahme einzubeziehen.

Die Interpretationen 2. und 3. können ausgeschlossen werden, wenn man Bereiche ärztlicher Tätigkeit betrachtet, in denen mit Sicherheit nicht alle Ärzte voll ausgelastet sind und bei denen auch Zeit- und Wegekosten keine Rolle spielen. So untersucht Fuchs (1978) den Markt für chirurgische Leistungen in den USA, der beide Bedingungen in besonders gutem Maße erfüllt, so daß der von ihm gefundene positive Zusammenhang zwischen Chirurgendichte und Operationen je 100000 Einwohner eindeutig im Sinne der Version 4. zu deuten ist.

In Breyer (1984) haben wir ein theoretisches Modell des Marktes für ambulante kassenärztliche Leistungen entworfen, das sowohl den 2. als auch den 4. Grund („Rationierung" und „künstliche Nachfrageschaffung") für einen positiven Zusammenhang zwischen Arztdichte und Inanspruchnahme ärztlicher Leistungen in sich birgt, jedoch eine empirische Trennung zwischen beiden Fällen erlaubt. Von dem 1. und 3. Grund wird jedoch ausdrücklich abgesehen: Die Arztdichte wird als exogen gegeben angenommen, und die Patienten haben keinen Einfluß auf die realisierte Leistungsmenge. Diese wird allein durch den Arzt festgelegt.

Die Annahmen des Modells beziehen sich speziell auf das System der GKV in der Bundesrepublik Deutschland, in dem der Geldpreis der Inanspruchnahme für den einzelnen Patienten Null ist und somit die Nachfragekurve – anders als in Abb. 2.1 und 2.2 dargestellt – bezüglich des ärztlichen Honorars vollkommen unelastisch ist. Es unterscheidet sich somit wesentlich von Modellen, in denen der Preismechanismus auf dem Markt für medizinische Behandlung eine zentrale Rolle einnimmt (z. B. Evans 1974; Brown u. Lapan 1979; Anderson et al. 1981; Sweeney 1981; Zweifel 1982). Im folgenden Abschnitt werden wir die wichtigsten Bausteine des Modells und die aus ihm ableitbaren Voraussagen über den Zusammenhang zwischen Arztdichte und Inanspruchnahme ärztlicher Leistungen darstellen.

2.4.2 Ein formales Modell der anbieterinduzierten Nachfrage nach ärztlichen Leistungen

2.4.2.1 Übersicht über Modellannahmen und -ergebnisse

Das in Breyer (1984) ausführlich behandelte Modell des Arztverhaltens beruht auf den folgenden vereinfachenden Annahmen:

1. Die Anzahl der Ärzte ist exogen gegeben. Alle Ärzte sind identisch, so daß die Betrachtung eines (repräsentativen) Arztes genügt, um das Verhalten der Ärzte insgesamt abzuleiten.
2. Ambulante ärztliche Behandlung ist ein homogenes Gut. Maßeinheit für dieses Gut ist die Arbeitszeit des Arztes. Von Substitution zwischen ärztlicher und nichtärztlicher Arbeit (bzw. Geräteeinsatz) bei der Erstellung des Produkts „ambulante Behandlung" wird also abgesehen.
3. Die Nachfrage nach ambulanten Leistungen pro Kopf der Bevölkerung ist die Summe aus exogen gegebenem Mindestbedarf und durch Ärzte künstlich geschaffener Nachfrage.
4. Das verfügbare Einkommen des Arztes steigt mit seiner Arbeitszeit.
5. Der Arzt ist Nutzenmaximierer. Sein Nutzen ist abhängig von seinem privaten Konsum (positiv), von seiner Arbeitszeit (negativ), und von dem Maße, in dem er künstlich Nachfrage schafft (negativ).[1]

Der repräsentative Arzt wählt nun die Werte seiner Aktionsparameter Konsum, Arbeitszeit und Nachfrageschaffung so, daß sein Nutzen maximiert wird. Dabei hat er zwei Nebenbedingungen zu beachten, nämlich

a) die Budgetrestriktion: Der Wert seines Konsums darf sein Einkommen nicht übersteigen, und

b) die Marktrestriktion: Die Arbeitszeit ist so zu wählen, daß der auf ihn entfallende Teil der Gesamtnachfrage nach ärztlichen Leistungen befriedigt wird.

Hat der Arzt seine Arbeitszeit festgelegt, so ist damit – bei gegebener Arztdichte – auch die Leistungsmenge (Inanspruchnahme) pro Kopf der Bevölkerung determiniert.

Die entscheidende Frage im Hinblick auf die in Abschnitt 2.4.1 diskutierte Angebotsinduzierungsthese ist nun: Wie reagiert die Inanspruchnahme auf Änderungen der exogenen Größe Arztdichte? Die komparative Statik des Modells trifft dazu keine qualitativ eindeutige Aussage; sowohl eine positive als auch eine negative Reaktion der Inanspruchnahme ist grundsätzlich möglich.

---

1 Der letztgenannte Effekt spiegelt die Wirkung des ärztlichen Berufsethos wider (vgl. Arrow 1963, S. 949 ff.).

Die Unbestimmtheit der Modellaussagen wird behoben, wenn man eine einschränkendere Annahme über die Nutzenfunktion des repräsentativen Arztes trifft. Diese in der Literatur als „Zieleinkommenshypothese" bezeichnete Annahme (vgl. Newhouse 1970b) besagt, der Arzt habe feste Zielvorstellungen bezüglich seines Konsumniveaus (d.h. seines Realeinkommens). Ist dieser Wert noch nicht erreicht, so spielt für sein Handeln nur das Konsummotiv eine Rolle; ist er dagegen überschritten, so ist der Grenznutzen des Konsums gleich Null, und nur die beiden letzteren in 5. genannten Motive sind wirksam.

Diese zweite Modellversion erlaubt die Ableitung qualitativ und quantitativ eindeutiger Voraussagen über den Einfluß der exogenen Größe Arztdichte auf die Pro-Kopf-Inanspruchnahme ärztlicher Leistungen. Die Beziehung ist stückweise linear und zerfällt in die folgenden Argumentbereiche (vgl. Abb. 2.3):

- Ist die Arztdichte so niedrig, daß selbst bei maximaler Länge des Arbeitstages aller Ärzte nicht einmal der in 3. genannte Mindestbedarf erfüllt werden kann, so liegt Rationierung vor. Eine Zunahme der Arztdichte in diesem Bereich erhöht daher die befriedigte Nachfrage in demselben Verhältnis, m.a.W. die Elastizität der Inanspruchnahme bezüglich der Arztdichte beträgt 1.

- In Punkt A ist gerade die exogene Mindestnachfrage voll befriedigt, alle Ärzte arbeiten, soviel sie können, und ihr Zieleinkommen wird überschritten. Eine weitere Zunahme der Ärztezahl bewirkt nun lediglich einen Abbau der Arbeitszeit jedes einzelnen Arztes; die Leistungsmenge wird insgesamt nicht erhöht, die Elastizität der Inanspruchnahme im mittleren Bereich der Arztdichte hat folglich den Wert Null.

- In Punkt B in Abb. 2.3 ist die Arbeitszeit jedes einzelnen Arztes so weit abgesunken, daß er gerade noch sein Zieleinkommen realisiert. Jede weitere Erhöhung der Arztdichte muß in demselben Verhältnis durch künstliche Nachfrageschaffung kompensiert werden, damit das Einkommen je Arzt aufrechterhalten bleibt. Für hohe Arztdichte ist die Elastizität der Inanspruchnahme daher wieder 1.

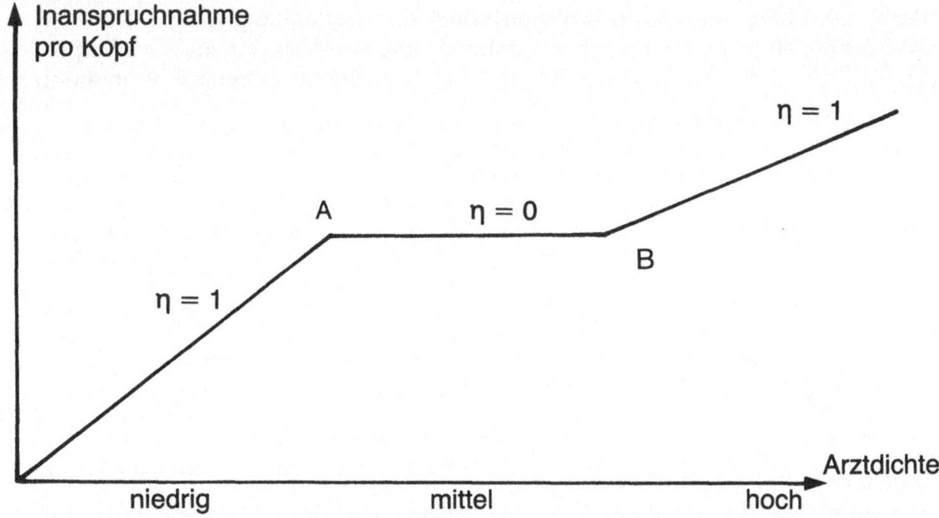

Abb. 2.3 Arztdichte und Inanspruchnahme pro Kopf unter der Zieleinkommenshypothese

Diese theoretischen Ergebnisse liefern definitive Voraussagen, die einer empirischen Überprüfung der Zieleinkommenstheorie zugrundegelegt werden können. Demnach müßte die Elastizität der Inanspruchnahme ärztlicher Leistungen pro Kopf der Bevölkerung hinsichtlich der Arztdichte
a) bei sehr geringer und sehr hoher Arztdichte 1,
b) bei mittlerer Arztdichte Null
betragen. Wie verschiedene mögliche empirische Ergebnisse im Lichte dieser Theorie zu interpretieren sind, wird in Abschn. 2.4.2.2 diskutiert werden.

2.4.2.2 Schlußfolgerungen für die empirische Analyse

Wie sind nun empirisch – etwa in multiplen Regressionsanalysen – gemessene Elastizitäten der Inanspruchnahme bezüglich der Arztdichte im Lichte dieser Modellimplikationen zu bewerten? Grundsätzlich sollte ein Test auf Nichtlinearität des betreffenden Zusammenhangs, d. h. auf die Existenz von „Knickpunkten" in der Inanspruchnahmekurve (vgl. Abb. 2.3) erfolgen, indem sowohl die Durbin-Watson-Statistik betrachtet wird als auch separate Schätzungen für Teilstichproben mit geringer bzw. hoher Arztdichte vorgenommen werden. Da es in der Regel nicht möglich sein wird, die Position eines solchen Knickpunktes genau zu ermitteln, und da bei jeder empirischen Schätzung der Einfluß nicht erfaßter Variablen („Störgröße") berücksichtigt werden muß, wird man von einer Bestätigung der hier entwickelten Theorie des Arztverhaltens bereits dann sprechen können, wenn die gefundene Elastizität der Inanspruchnahme bezüglich der Arztdichte vom Wert 1 nicht signifikant abweicht und die Inanspruchnahmekurve entweder
a) mit zunehmender Arztdichte abflacht (degressive Beziehung) oder
b) zunächst flach ist und mit zunehmender Arztdichte steiler wird (progressive Beziehung).

Diese beiden Situationen sind in Abb. 2.4a und 2.4b dargestellt. Im ersten Fall (Abb. 2.4a) kann man aus dem empirischen Zusammenhang schließen, daß der linke untere Bereich der Inanspruchnahmekurve aus Abb. 2.3 für die Stichprobe relevant ist, d.h. der positive Einfluß der Arztdichte geht auf permanenten

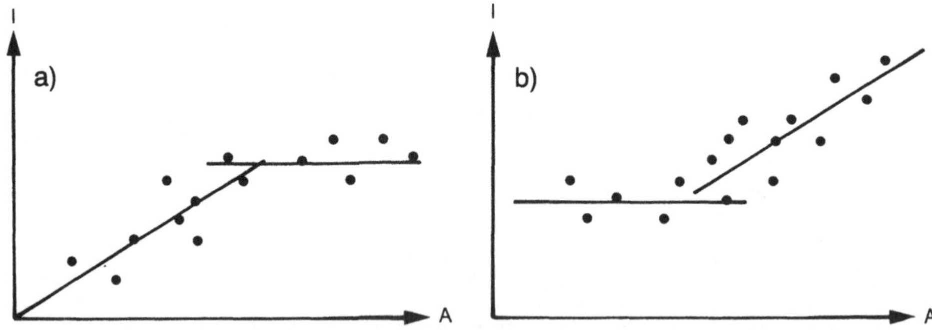

Abb. 2.4.a Degressive empirische Beziehung zwischen Arztdichte A und Inanspruchnahme I.
b Progressive empirische Beziehung zwischen Arztdichte A und Inanspruchnahme I

Nachfrageüberhang und Rationierung zurück. Im anderen Fall (Abb. 2.4b) ist das Ergebnis konsistent mit dem rechten oberen Bereich der Kurve in Abb. 2.3; der Verfügbarkeitseffekt ist hier als „künstliche Nachfrageschaffung" zu interpretieren.

Die Schlußfolgerung aus dem Modell ist dagegen nicht eindeutig, wenn eine Elastizität der Inanspruchnahme bezüglich der Arztdichte gefunden wird, die sowohl vom Wert 1 als auch von Null signifikant verschieden ist. In diesem Fall bieten sich zumindest drei unterschiedliche Interpretationen an, zwischen denen unsere theoretische Analyse nicht eindeutig zu diskriminieren hilft:

1. Die Zieleinkommenshypothese ist verletzt, d. h. die Ärzte lassen sich für einen Einkommensverlust durch mehr Freizeit und eine bessere Übereinstimmung ihres Verhaltens mit ihrem Berufsethos kompensieren und umgekehrt, oder

2. trotz variierender Leistungsmenge je Arzt haben die Ärzte ihr Zieleinkommen aufrechterhalten, indem sie ihre eigene Arbeitszeit zu Lasten nichtärztlicher Inputs ausgedehnt haben, oder

3. der beobachtete Effekt geht nicht auf diskretionäre ärztliche Entscheidungen zurück, sondern spiegelt die Reaktion der Patienten auf die mit steigender Arztdichte sinkenden indirekten Kosten der Inanspruchnahme wider.

3 Arztdichte und Krankenstand als endogene Größen

3.1 Ein simultanes Erklärungsmodell für Arztdichte, Krankenstand und Inanspruchnahme ärztlicher Leistungen

Die Mehrzahl der bisher hauptsächlich für die USA vorgelegten ökonometrischen Untersuchungen des Marktes für ärztliche Leistungen haben den Charakter von Nachfragemodellen und bestehen aus einer einzigen Schätzgleichung. Die abhängige Variable ist zumeist eine reine Mengengröße (z. B. „Anzahl der Arztkontakte pro Person und Jahr"). Diese wird in Beziehung gesetzt zu dem Preis für die jeweilige Leistung, dem Einkommen der potentiellen Patienten und anderen Charakteristika der nachfragenden Bevölkerung. Ferner wird die Arztdichte als erklärende Variable in die Inanspruchnahmegleichung aufgenommen. Sofern diese als Einzelgleichung geschätzt wird, wird damit der Wirkungszusammenhang so gedeutet, daß die Arztdichte die verursachende, die Inanspruchnahme die beeinflußte Variable ist.

Diese Spezifikation läßt die Möglichkeit außer acht, daß umgekehrt das Ärzteangebot auf die antizipierte Nachfrage reagiert hat, d. h. daß sich Ärzte in den Regionen zahlreicher niedergelassen haben, wo sie mehr gebraucht wurden (vgl. 2.4.1). Welcher der beiden Effekte der überwiegende ist, läßt sich nur dann feststellen, wenn sowohl die Arztdichte als auch die Inanspruchnahme ärztlicher Leistungen als gemeinsam zu erklärende endogene Variablen behandelt werden, also ein simultanes Gleichungsmodell konstruiert wird.

Diese Vorgehensweise, die auf Fuchs u. Kramer (1973) und Fuchs (1978) zurückgeht, soll auch in dieser Untersuchung angewendet werden: Wir werden im folgenden ein simultanes ökonometrisches Modell entwerfen, das den empirischen Schätzungen in 4–6 zugrundegelegt wird, wo immer das zur Verfügung stehende Datenmaterial dafür reichhaltig genug ist.

Ferner kann argumentiert werden, daß auch die Anzahl der Arbeitsunfähigkeitstage nicht völlig unabhängig von den beiden zunächst als endogen spezifizierten Größen bestimmt wird: Zum einen kann sich die (rechtzeitige) Inanspruchnahme ärztlicher Behandlung günstig auf die Dauer von Krankheitsepisoden und damit den Krankenstand insgesamt auswirken. Zum anderen ist es denkbar, daß mit zunehmender Arztdichte und daher sinkender Arbeitsauslastung der Ärzte deren Bereitschaft wächst, auf den Wunsch ihrer Patienten hin Arbeitsunfähigkeitsatteste auszustellen, um sie als Patienten nicht zu verlieren.

Eine korrekte Spezifikation muß somit auch das Morbiditätsmaß „Arbeitsunfähigkeitstage" als endogene Variable behandeln und – neben anderen Erklärungsfaktoren – einen Einfluß der Arztdichte und der Inanspruchnahme auf diese Größe zulassen.

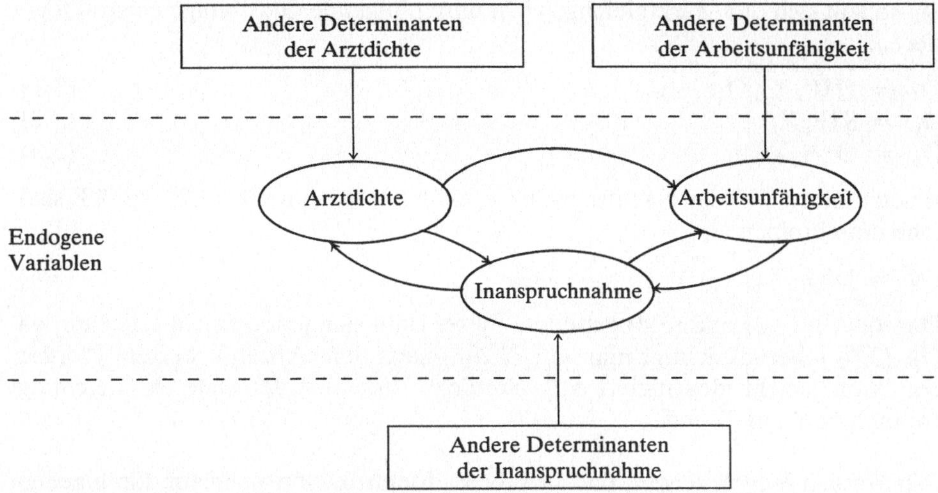

Abb. 3.1. Die Grundstruktur des Modells der ambulanten Versorgung

Das zu schätzende Modell hat daher die in Abb. 3.1 abgebildete Grundstruktur. Im Zentrum stehen die endogenen Variablen, die durch Ovale gekennzeichnet sind. Die jeweiligen Gruppen von exogenen Variablen sind in Rechtecken zusammengefaßt; die Pfeile geben die Erklärungsrichtung an. Welche exogenen Variablen die Arztdichte und die Arbeitsunfähigkeitstage beeinflussen können, wird in Abschn. 3.2 diskutiert werden.

Wir sehen, daß die Arztdichte auf zweierlei Wegen Einfluß auf die Inanspruchnahme nehmen kann. Zum einen kann sie die „attestierte Morbidität", d.h. die Arbeitsunfähigkeit pro Kopf, erhöhen und dadurch indirekt die damit einhergehende Zahl der Arztkontakte. Zum anderen kann sie die Inanspruchnahme auch direkt – bei konstanter Arbeitsunfähigkeit – in Form einer Ausweitung des Leistungsumfangs pro Patient beeinflussen. Der direkte Effekt wird auch dadurch plausibel, daß nicht jeder in ambulanter Behandlung befindliche erwerbstätige Patient krankgeschrieben ist.

Im Rahmen unserer Querschnittsbetrachtungen müssen wir unterstellen, daß alle in Abb. 3.1 dargestellten Einflüsse *innerhalb* der Untersuchungsperiode von einem Jahr wirksam werden oder – alternativ – daß die exogenen Größen im Zeitablauf stabil genug sind, um Bewegungen der langsamer reagierenden Variablen in korrekter Weise zu deuten. Dieses Problem wird anhand der möglichen Beeinflussung der Arztdichte durch die Inanspruchnahme in Abschn. 4.2.1.3 ausführlich diskutiert werden.

Auf ein weiteres schwieriges Problem, das gerade bei der Schätzung simultaner Modelle des Marktes für ärztliche Leistungen auftritt, haben Auster u. Oaxaca (1981) aufmerksam gemacht. Es betrifft die Identifizierbarkeit der Nachfragegleichung. Bezeichne Q_d die nachgefragte, Q_s die angebotene Menge und P den Preis ärztlicher Leistungen. Seien ferner X_d und X_s Vektoren exogener Einflußfaktoren auf Nachfrage bzw. Angebot, und gelte die Hypothese von der Angebotsinduzierung der Nachfrage, d.h. Q_d reagiere monoton auf Änderungen von

Q_s, so läßt sich das Marktgleichgewicht durch folgende Gleichungen charakteri-
sieren:

$$Q_d = D(P, X_d, Q_s) \tag{3.1}$$
$$Q_s = S(P, X_s) \tag{3.2}$$
$$Q_d = Q_s = Q. \tag{3.3}$$

Ersetzt man Q_s in der Nachfragegleichung mit Hilfe von Gl. (3.2), so läßt sich
jene umschreiben zu

$$Q_d = D'(P, X_d, X_s). \tag{3.4}$$

Das aus Gl. (3.2) und (3.4) gebildete System läßt sich jedoch nicht schätzen, da
Gl. (3.4) – berücksichtigt man Gl. (3.3) – nach dem Abzählkriterium ("order
condition") nicht identifiziert ist:[1] Sämtliche Variablen der anderen Gleichung
treten hier ebenfalls auf.

Wir können jedoch zeigen, daß sich dieses Identifikationsproblem durch geeignete Wahl der Variablen umgehen läßt. Auster u. Oaxaca (1981) gehen offenbar
davon aus, daß beide Mengengrößen, Q_d und Q_s, jeweils dieselbe Maßeinheit
besitzen, z.B. „Arztbesuche pro 1000 Einwohner". Betrachtet man dagegen auf
der Anbieterseite vorrangig die Niederlassungsentscheidung der Ärzte als die
relevante Angebotsvariable (vgl. Fuchs u. Kramer 1973; Fuchs 1978), so symboli-
siert Q_s nunmehr „Ärzte pro 1000 Einwohner". Die Gleichgewichtsbedingung
Gl. (3.3) muß also ersetzt werden durch

$$Q_d = L \cdot Q_s, \tag{3.5}$$

wobei L („Arztbesuche pro Arzt") die Auslastung der Anbieter mißt. Berücksichtigt man, daß diese bei der Niederlassungsentscheidung eine Rolle spielen
wird, so lautet die neue Angebotsfunktion

$$Q_s = S(P, L, X_s) = S(P, Q_d/Q_s, X_s) \tag{3.6}$$

oder, nach Qs aufgelöst,

$$Q_s = S'(P, Q_d, X_s). \tag{3.7}$$

Das neue System, bestehend aus Gl. (3.1) und (3.7), ist jedoch nach dem
Abzählkriterium identifiziert: In Gl. (3.1) fehlen die im Vektor X_s zusammenge-
faßten Angebotsdeterminanten, in Gl. (3.7) die im Vektor X_d zusammengefaß-
ten Nachfragedeterminanten. Damit ist gezeigt, daß eine simultane Erklärung
der *Arztdichte* und der Inanspruchnahme ärztlicher Leistungen nicht am Identifikationsproblem scheitert.
Ein weiterer Grund für die Identifikation der Nachfragegleichung kommt hinzu,
wenn – wie in der GKV – das System der Finanzierung von Gesundheitsleistungen keine Selbstbeteiligung des Patienten an seinen Arztkosten vorsieht, sondern
diese vollständig von der Versicherung übernommen werden. In diesem Fall ist

---

1 Dieses (notwendige) Kriterium für die Identifikation einer Gleichung besagt, daß die Anzahl der in
dieser Gleichung nicht enthaltenen exogenen Variablen mindestens so groß sein muß wie die Anzahl
der enthaltenen endogenen Variablen −1 (vgl. etwa Kmenta 1971, S. 543).

die Variable P (Honorarniveau) kein Argument in der Nachfragefunktion Gl. (3.1), sondern nur noch in der Angebotsfunktion Gl. (3.7). Die Identifikation des von uns verwendeten 3-Gleichungs-Modells, das Arbeitsunfähigkeitstage als 3. endogene Variable enthält, wird in Abschn. 4.1.3 diskutiert.

3.2 Exogene Bestimmungsfaktoren von Arztdichte und Krankenstand

3.2.1 Determinanten der Arztdichte

Mit den Gründen für die Niederlassungsentscheidung von Ärzten haben sich v. a. Benham et. al. (1968), Fuchs u. Kramer (1973) und Fuchs (1978) auseinandergesetzt. Wichtigster Gesichtspunkt ist dabei die Attraktivität der Region für den Arzt als Konsumenten („Freizeitwert"). Wegen des größeren kulturellen Angebots sind städtische Gebiete attraktiver als ländliche. Als besonders gutes Maß für die Attraktivität kann ferner die Anziehungskraft im Fremdenverkehr angesehen werden, die Fuchs (1978) durch die Einnahmen im Hotelgewerbe erfaßt. Beide Variablen waren in der Arztdichtegleichung von Fuchs (1978) signifikant. Schließlich kann auch das Einkommensniveau einer Region bzw. ihre Wirtschaftskraft, gemessen an ihrem Beitrag zum Bruttoinlandsprodukt, zu ihrer Attraktivität beitragen. Hierzu präsentiert Paffrath (1977, S. 313) eine Schätzgleichung für 13 kreisfreie Städte im Regierungsbezirk Düsseldorf, mit der er einen positiven Einfluß des Bruttoinlandsprodukts pro Kopf auf die Anzahl der Ärzte – bei gleicher Einwohnerzahl – feststellt. Das Ergebnis ist jedoch wegen der geringen Zahl der Beobachtungen, des nicht gelösten Problems der „Versorgungspendler" und ökonometrischer Mängel (nicht angegebene Standardfehler der Schätzung, Spezifikation in Absolut- statt Pro-Kopf-Größen) mit Skepsis zu betrachten.

Als weitere Gruppe von Bestimmungsgründen kommen diejenigen hinzu, die mit der Berufsausübung selbst zu tun haben. Zum einen kann die Verfügbarkeit von Krankenhausbetten etwa für potentielle Belegärzte eine Rolle spielen, da Krankenhausbetten als komplementärer Inputfaktor aufgefaßt werden können (Fuchs u. Kramer 1973, S. 25; Benham et. al. 1968, S. 339). Zum anderen kann die Nähe einer medizinischen Hochschule erwünscht sein, insbesondere derjenigen, an der man ausgebildet wurde.
Ferner kann die Pro-Kopf-Inanspruchnahme der Bevölkerung und damit die Arbeitsauslastung der bereits ansässigen Ärzte einen Einfluß haben, dessen Vorzeichen jedoch a priori nicht eindeutig ist: Einerseits könnten sich Ärzte dort ansiedeln, wo noch Bedarf besteht, zu anderen könnten sie die erwartete Arbeitsüberlastung gerade vermeiden wollen.
Die empirischen Ergebnisse hierzu sind ebenfalls unbestimmt: Fuchs u. Kramer (1973) fanden keinen signifikanten Einfluß der Arbeitsauslastung auf die Arztdichte. Dagegen stellten Benham et. al. (1968) in ihrer epirischen Untersuchung der Ärzteverteilung über die Bundesstaaten der USA fest, daß die Ärzte gemäß ihren Einkommensinteressen Gebiete mit hoher Nachfrage nach ihren Leistungen bevorzugten.

Bei variablem Preis für ärztliche Leistungen ist ein positiver Effekt des Preises auf die Niederlassung neuer Ärzte zu erwarten, der sich jedoch in der Arztdichte insgesamt nur wenig niederschlagen dürfte, da Ärzte sehr selten ihren Standort wechseln und regionale Preisgefälle im Zeitablauf nicht sehr stabil sein werden (vgl. Feldstein 1974, S. 413).
Dieser Gesichtspunkt wird in der Bundesrepublik wegen der nur geringen Unterschiede in den Vergütungsquotienten für die Behandlung gesetzlich versicherter Patienten nur insofern eine Rolle spielen, wie die Zusammensetzung des Patientenstamms variiert: Da Ärzte für die Behandlung von Privatpatienten ein Mehrfaches der in der GKV gültigen Gebührenordnungssätze liquidieren können, ist die durchschnittliche Vergütung pro Verrichtung umso höher, je größer der Anteil privat Versicherter unter ihren Patienten ist. Es ist daher zu vermuten, daß Regionen mit besonders hohem Anteil privat Versicherter in der Wohnbevölkerung ceteris paribus ebenfalls für Ärzte attraktiver sind.

3.2.2 Determinanten des Krankenstands

Nach Newhouse (1970a) lassen sich die Bestimmungsgründe für die Morbidität, gemessen an Arbeitsunfähigkeitstagen pro Kopf der Bevölkerung, in 4 Kategorien einteilen, nämlich in
1. demographische Variablen,
2. medizinische Faktoren,
3. Umwelteinflüsse sowie
4. ökonomische Faktoren.

1. Zu den demographischen Variablen sind v. a. Alter, Geschlecht, Familienstand und Schulbildung zu zählen. Während mit dem Alter der Krankenstand eindeutig zunimmt (Silver 1970), ist das Vorzeichen der Männlich-Weiblich-Differenz umstritten. Silver (1970) findet größere Arbeitsunfähigkeitshäufigkeit für Männer, Newhouse (1970a) jedoch für Frauen. Ferner stellt Newhouse in der Altersgruppe bis 44 Jahre einen *steigernden* Einfluß der Schulbildung auf die Arbeitsunfähigkeit fest.
2. Als medizinischer Faktor ist die Inanspruchnahme von Gesundheitsleistungen zu berücksichtigen, die einen negativen Einfluß auf die Morbidität erwarten läßt. Hierzu findet Newhouse (1970a), daß in der Altersgruppe bis 44 Jahre die Anzahl der Arztbesuche *positiv* mit der Arbeitsunfähigkeitshäufigkeit korreliert ist. Er schließt daraus, daß ein Arztbesuch eine Investition ist, die sich per saldo nicht lohnt, weil die Krankheit oft auch ohne Konsultation des Arztes und ohne Fernbleiben vom Arbeitsplatz vorübergegangen wäre. Er betrachtet also eindeutig die Inanspruchnahme medizinischer Leistungen in ihrer Rolle als Input in der Gesundheitsproduktionsfunktion und vernachlässigt die umgekehrte Erklärungseinrichtung, nämlich den Einfluß höherer Morbidität (gemessen an Arbeitsunfähigkeit) auf die Inanspruchnahme, der den gefundenen positiven Zusammenhang plausibel macht.
3. Einen direkten medizinischen Wirkungszusammenhang im eigentlichen Sinne kann man bei der Klasse der Umwelteinflüsse vermuten. In dieser Kategorie führt Newhouse (1970a) neben Klima, Urbanitätsgrad und Wohnqualität v. a.

den Grad der Luftverschmutzung an, der sich in seinem Datensatz als hochgradig signifikanter Einflußfaktor auf die Morbidität erweist. Einen systematischen Zusammenhang zwischen Gesundheit und Luftqualität zeigen – allerdings hauptsächlich anhand von Mortalitätsstatistiken – Lave (1972) und Lave u. Seskin (1977) auf.

4. Die wichtigsten ökonomischen Variablen in diesem Zusammenhang sind Einkommen und Lohnsatz sowie die Arbeitslosenquote. Die beiden erstgenannten Variablen werden insbesondere dort eine Rolle spielen, wo der Arbeitsunfähige keine Lohnfortzahlung erhält. Silver (1970) fand unter diesen Verhältnissen einen negativen Einfluß des Lohnsatzes, der plausibel ist, wenn man den Lohnsatz als „Preis für die Bettlägerigkeit" begreift, sowie einen positiven Einfluß des Haushaltseinkommens.

Der Zusammenhang zwischen Einkommen und Arbeitsunfähigkeit muß jedoch nicht monoton sein. Eine Studie über Fehlzeiten englischer Arbeitnehmer (zitiert bei Läge 1972) beobachtete die höchsten Fehlquoten bei sehr geringer und bei sehr guter Entlohnung. Die Kurve würde demnach zunächst eine negative, dann eine positive Steigung aufweisen. Die positive Steigung ist plausibel, wenn man berücksichtigt, daß mit höherer Entlohnung meist auch ein besserer Status am Arbeitsplatz und geringeres Kündigungsrisiko einhergehen, so daß sich diese Arbeitnehmer mehr krankheitsbedingte Abwesenheit vom Arbeitsplatz „leisten" können.

Andererseits ist auch ein inverser Zusammenhang zwischen Einkommen (oder Lohnsatz) und Arbeitsunfähigkeit denkbar, der auf umgekehrter Kausalität beruht: Personen, die chronisch krankheitsanfällig sind, werden u. U. dadurch auch Einkommeneinbußen erleiden (vgl. Newhouse u. Phelps 1976, S. 266). Schließlich ist auch hier die Rolle des Einkommens als Proxyvariable für das Bildungsniveau in Betracht zu ziehen. In der Literatur herrscht weitgehende Einigkeit darüber, daß Gebildetere ceteris paribus eine größere Nachfrage nach dem Gut Gesundheit entfalten (z. B. Auster et. al. 1969). Ein wichtiges Bindeglied in der positiven Beziehung ist, wie Farrell u. Fuchs (1981) herausfanden, der mit der Schulbildung signifikant sinkende Zigarettenkonsum.

Erhält der Arbeitsunfähige Lohnfortzahlung, so ist das Ausmaß dieses Einkommenssubstituts eine wichtige Determinante des Krankenstandes. So diskutiert Herder-Dorneich (1966, S. 140 ff.) den sprunghaften Anstieg des Krankenstands in der Bundesrepublik infolge der Erhöhung der Lohnfortzahlung von 90 auf 100% des Arbeitseinkommens und der Verkürzung der Karenzzeit. Der negative Zusammenhang mit der Arbeitslosenquote etwa im Konjunkturverlauf (Herder-Dorneich 1966, S. 45 ff.) ist ebenfalls plausibel, da in Zeiten wirtschaftlicher Flaute diejenigen Arbeitnehmer, die häufig krank sind, einem erhöhten Kündigungsrisiko ausgesetzt sind.

Eine Lohnfortzahlung entfällt für die in der GKV freiwillg Versicherten, soweit sie entweder selbständig oder nicht erwerbstätig sind. Da für diesen Personenkreis somit keine Arbeitsunfähigkeitsatteste anfallen, sollte der durchschnittliche – durch diese Bescheinigungen gemessene – Krankenstand ceteris paribus umso geringer sein, je größer der Anteil der freiwillig Versicherten in der betrachteten Bevölkerungsgruppe ist.

3.3 Präzisierung des theoretischen Modells der ambulanten Versorgung

Fassen wir die theoretischen Überlegungen aus Abschn. 2.1–2.3 sowie 3.2 bezüglich der Determinanten der Arztdichte, der Arbeitsunfähigkeit und der Inanspruchnahme ärztlicher Leistungen zusammen, so können wir die in Abb. 3.1 dargestellte Grundstruktur des Modells der ambulanten ärztlichen Versorgung wie folgt inhaltlich ausfüllen (Abb. 3.2).

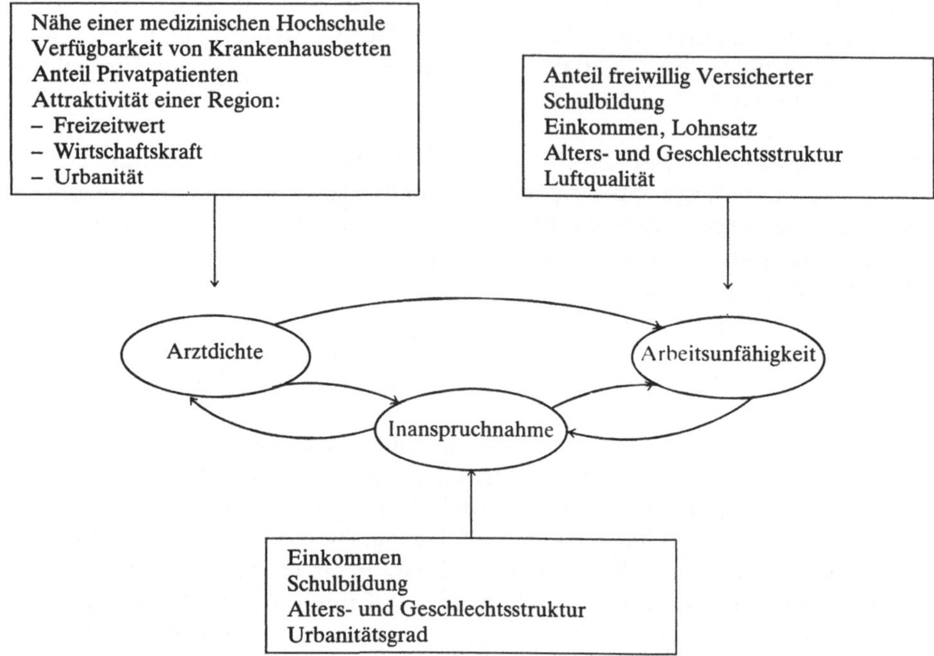

Abb. 3.2. Das theoretische Modell der ambulanten ärztlichen Versorgung im Detail

Abbildung 3.2 enthält alle diejenigen Variablen, deren Messung und Einbeziehung im Rahmen unserer empirischen Schätzungen wünschenswert ist. Wie diese – an sich noch theoretisch konzipierten – Größen in der konkreten Anwendung gemessen werden können, wird im empirischen Teil dieser Arbeit bei der Beschreibung der Datenerfassung im einzelnen diskutiert werden.

Teil II: Empirie

*„If you torture the data
long enough, Nature will
confess."*

(Ronald Coase,
zitiert bei Leamer 1983, S. 37)

4 Empirische Analyse von Daten für Stadt- und Landkreise Baden-Württembergs

Gegenstand dieses Kapitels ist der erste von insgesamt 3 Versuchen, das in Kap. 2 und 3 errichtete theoretische Gerüst mit Daten aus der Gesetzlichen Krankenversicherung (GKV) der Bundesrepublik Deutschland zu füllen und damit die oben diskutierten theoretischen Zusammenhänge empirisch zu überprüfen.

Im Unterschied zu den beiden weiteren Datensätzen, die Grundlage der in Kap. 5 und 6 beschriebenen empirischen Untersuchungen sein werden, wurde der hier betrachtete Datensatz vom Autor selbst zusammengetragen. Daher wird den methodischen Fragen der Datenerhebung und speziell der Approximation der theoretisch relevanten Variablen durch geeignete Meßgrößen breiter Raum gewidmet (Abschn. 4.1). Eines der Hauptziele dieses Abschnitts ist es, das in Abb. 3.2 dargestellte Modell der ambulanten ärztlichen Versorgung in die Empirie umzusetzen und in konkreten Schätzgleichungen darzustellen.

In Abschn. 4.2 werden dann die Ergebnisse der ökonometrischen Analyse vorgestellt. Gemäß der in Kap. 1 erläuterten Zielsetzung wird dabei der Schwerpunkt auf einer Analyse der Bestimmungsgründe der Nachfrage nach medizinischen Leistungen liegen. Soweit jedoch eine wechselseitige Beeinflussung der Größen Inanspruchnahme medizinischer Leistungen, Arztdichte und Krankenstand angenommen werden kann, ist eine gleichzeitige Erklärung der beobachteten Variationen in den beiden letztgenannten Variablen wünschenswert. Daher werden auch die Schätzergebnisse der Gleichungen für diese beiden Variablen ausführlich diskutiert.

4.1 Methoden und Datenquellen

4.1.1 Wahl des Untersuchungsrahmens

Am Anfang einer jeden empirischen Analyse von nichtexperimentellen Daten steht die räumliche und zeitliche Abgrenzung des Beobachtungsgegenstandes und die Wahl der Beobachtungseinheiten. Erst im Anschluß daran kann erörtert werden, wie die Variablen im einzelnen gemessen werden sollen (vgl. 4.1.2).

Aus den in der Einleitung (Abschn. 1.2) erläuterten Gründen entschieden wir uns für eine Querschnittsanalyse von makroökonometrischen Daten, d. h. Daten, die sich auf eine Anzahl von Teilregionen eines geographisch abgegrenzten Untersuchungsgebiets und auf eine bestimmte Periode beziehen.

Das umfangreichste in der GKV routinemäßig erhobene und veröffentlichte Datenmaterial zur Inanspruchnahme medizinischer Leistungen findet sich in der jährlich herausgegebenen „Statistik der Ortskrankenkassen in der Bundesrepublik Deutschland". Anders als beispielsweise in den Ersatzkassen ist im System der Ortskrankenkassen eine tiefe regionale Gliederung vorzufinden, die die Durchführung von Querschnittsanalysen ermöglicht.

Als Untersuchungsgebiet wurde nicht die gesamte Bundesrepublik gewählt, sondern nur das Land Baden-Württemberg, da hier ein leichter Zugang zu demographischen und strukturellen Hintergrundsdaten gesichert war, wie sie z.B. in der vom Statistischen Landesamt herausgegebenen Gemeindestatistik veröffentlicht werden. Als Untersuchungszeitraum wählten wir das Kalenderjahr 1979. Zum Zeitpunkt des Beginns der Datenanalyse (Herbst 1981) war dies das letzte Jahr, für das sowohl die erwähnten Regionalstatistiken vollständig vorlagen als auch Daten über die Anzahl niedergelassener Ärzte aus der ambulanten Bedarfsplanung und über die Anzahl von Krankenhausbetten aus der stationären Bedarfsplanung (vgl. Anmerkungen zu Tab. 4.2).

Insgesamt gibt es in Baden-Württemberg 46 selbständige Ortskrankenkassen; die Gebietsverwaltung ist in 44 Stadt- oder Landkreise gegliedert. Im allgemeinen fallen die Zuständigkeitsgrenzen einer AOK mit den Grenzen eines Kreises zusammen. Es gibt jedoch auch Ausnahmen mit zwei Kassen innerhalb eines Landkreises (z.B. AOK Aalen und AOK Schwäbisch-Gmünd im Ostalbkreis), einer Kasse für zwei Kreise (z.B. AOK Heilbronn für den gleichnamigen Stadt- und Landkreis) und kompliziertere Überlappungen (so ist der Rhein-Neckar-Kreis zum Teil der AOK Mannheim, zum anderen Teil der AOK Heidelberg zugeordnet, die jeweils zusätzlich einen Stadtkreis versorgen).

Aus diesen Gründen wurden die Beobachtungseinheiten so zusammengefaßt, daß in keinem Falle ein Kassengebiet oder ein Kreis auseinandergerissen wurde, m.a.W. die Orientierung erfolgte immer an der jeweils umfassenderen geographischen Einheit. Dadurch verringerte sich die Zahl der Beobachtungen auf n = 36.

Bei der Aggregation der Leistungs- bzw. Ausgabendaten zweier AOKs wurde eine Gewichtung nach den Mitgliederzahlen der betreffenden Kassen vorgenommen. Die Vorgehensweise sei am Beispiel der Größe „Krankenhaustage je 100 Mitglieder" verdeutlicht. Bezeichnen K^1 und K^2 die zu aggregierenden Werte der Kassen 1 bzw. 2 und M^1 und M^2 die jeweiligen Mitgliederzahlen, so ergibt sich die entprechende Größe K für die zusammengefaßte Beobachtung aus der Formel

$$K = (M^1 \cdot K^1 + M^2 \cdot K^2) / (M^1 + M^2). \tag{4.1}$$

Unsere tiefe regionale Gliederung und die damit verbundene geringe geographische Ausdehnung der als Beobachtungseinheiten definierten Gebiete wirft die Frage auf, welche quantitative Rolle Versorgungspendler spielen, d.h. Personen, die im Einzugsbereich der Kasse A wohnen bzw. arbeiten und dort versichert sind,[1] ihre medizinische Behandlung aber zumindest zum Teil in Versorgungseinrichtungen erhalten, die im Gebiet einer benachbarten Kasse B liegen. Da die Studie auch das Ziel hat, den Effekt der Verfügbarkeit des Angebots, d.h. der Arztdichte und der Krankenhausbettendichte auf die Inanspruchnahme zu testen, könnten sich durch ein solches "border-crossing" falsche Schlußfolgerungen ergeben: Relevant für die Inanspruchnahme ist möglicherweise weniger die (erfaßte) Versorgungsdichte im eigenen Gebiet als die (nicht erfaßte) Dichte im Nachbargebiet.

---

1 Bei Erwerbstätigen, die über ihren Arbeitgeber krankenversichert sind, richtet sich die Kassenzugehörigkeit nach dem Sitz des Betriebes und nicht nach ihrem Wohnort.

Gelänge es, die Richtung und das Ausmaß solcher Patientenwanderungsströme korrekt zu messen, so wäre es im Prinzip möglich, der Berechnung der Angebotsdichte nicht die Wohnbevölkerung, sondern die „Anspruchsbevölkerung" zugrundezulegen, d. h. Patientenabwanderungen aus dem jeweiligen Gebiet zu subtrahieren und Zuwanderungen aus Nachbargebieten zu addieren.

Gegen diese Bezugnahme auf eine fiktive Anspruchsbevölkerung wenden Cullis et al. (1979) jedoch ein, daß Patientenwanderungen in letzter Konsequenz dazu führen würden, die Verfügbarkeit von Krankenhausbetten pro Kopf der *Anspruchsbevölkerung* zwischen den Gebieten vollkommen anzugleichen. Auf die ambulante Versorgung übertragen, würde aus dieser Überlegung folgen: Ist ein solcher Gleichgewichtszustand etwa zwischen zwei benachbarten Kreisen erreicht, so sind zwar die Wartezimmer der Ärzte in beiden Kreisen gleich gefüllt, die im schwächer versorgten Gebiet wohnenden Patienten haben aber im Durchschnitt höhere Zeit- und Wegekosten für die Anfahrt aufgewendet, die sich gleichfalls dämpfend auf ihre Inanspruchnahme auswirken werden. Somit wäre die tatsächliche Arztdichte ein besserer Prädiktor für die Inanspruchnahme als die rechnerische, mit Hilfe der fiktiven Größe „Anspruchsbevölkerung" ermittelte.

Neben diesen theoretischen Überlegungen haben auch praktische Gesichtspunkte unsere Wahl der Bezugsgröße für die Ermittlung der Versorgungsdichte beeinflußt. Zum einen spielt das "border-crossing" sicherlich bei der Inanspruchnahme ambulanter ärztlicher Leistungen nur eine untergeordnete Rolle. Erfahrungsgemäß wird die ambulante Versorgung bei Ärzten entweder im Wohnort oder am Ort der beruflichen Beschäftigung nachgefragt; die Versorgungspendlerströme müßten sich also weitgehend mit denen der Berufspendler decken oder in umgekehrter Richtung verlaufen.

Da in unserer Stichprobe Stadt- und zugehörige Landkreise immer zu einer Beobachtungseinheit zusammengefaßt sind, ist eine quantitativ bedeutende Wanderung über diese Grenzen hinweg lediglich im Fall des Stadtkreises Stuttgart zu erwarten, der keinen eigenen Landkreis besitzt, sondern von 4 verschiedenen Landkreisen umgeben ist, die eigene Beobachtungseinheiten darstellen. Da es überdies keine verläßlichen Daten über Versorgungspendler im ambulanten Bereich gibt, wurde zur Ermittlung der Arztdichte stets die Wohnbevölkerung herangezogen.

Im Bereich stationärer Behandlung sind die Versorgungspendler statistisch besser erfaßt. Hier weist das vom Landesverband der Ortskrankenkassen Württemberg-Baden herausgegebene „Krankenhaus-Raster" geschätzte Patientenwanderungen für das Jahr 1985 aus, die mit Hilfe von Unterlagen des Statistischen Landesamts berechnet wurden. Demzufolge machen die Nettozuwanderungen bis zu 45% (Landkreis Tübingen) der zu versorgenden Patienten aus, auf der anderen Seite verringert sich die Zahl der zu versorgenden Patienten durch Nettoabwanderungen um bis zu 36% (Rems-Murr-Kreis). Da diese Pendlerströme quantitativ außerordentlich bedeutend sind,[1] rechnen wir in dem Teil der

---

1 Die Bedeutung der Versorgungspendler bei stationären Leistungen gerade in Studien mit kleinen regionalen Einheiten betont auch Zwerenz (1982, S. 42).

Studie, der sich mit der Inanspruchnahme stationärer Leistungen beschäftigt, alternativ mit zwei verschiedenen Definitionen der Bettendichte, die sich einmal auf die Wohn-, das andere Mal auf die Anspruchsbevölkerung bezieht.

Zu klären ist ferner, *wessen* Inanspruchnahme medizinischer Leistungen in die Analyse einbezogen werden soll. Die Ortskrankenkassen unterscheiden bei den von ihnen versicherten Personen nach Mitgliedern (Stammversicherten), Rentnern und anspruchsberechtigten (mitversicherten) Familienangehörigen. In der Gruppe der Mitglieder sind wiederum Pflichtversicherte von freiwillig Versicherten zu unterscheiden.

Während die Inanspruchnahme stationärer Leistungen sowie Arbeitsunfähigkeitsfälle und -tage nach Pflichtversicherten und freiwillig Versicherten getrennt ausgewiesen werden, fehlt diese Unterteilung bei den ambulanten Ausgabensparten. Hingegen ist es möglich, die Ausgaben für die Stammversicherten selbst von denen für ihre mitversicherten Familienangehörigen zu trennen, da die AOK-Statistik explizit „Ausgaben für Mitglieder (ohne Familienangehörige)" aufführt. Unsere Untersuchung wird sich daher auf die Inanspruchnahme durch *alle Stammversicherten* beziehen. Familienangehörige und Rentner bleiben aus folgenden Gründen unberücksichtigt:

1. Die Kassen selbst kennen die Zahl der mitversicherten Familienangehörigen ihrer Mitglieder nicht (vgl. Schach 1981, S. 203). Daher wäre eine Erfassung des Pro-Kopf-Verbrauchs von Gesundheitsgütern bei Einbeziehung dieser Patientengruppe nicht möglich.
2. Eine Reihe demographischer und sonstiger Erklärungsvariablen wie Alters- und Geschlechtsstruktur, Grundlohn, Arbeitsunfähigkeitstage bezieht sich jeweils auf Stammversicherte, während der Altersaufbau der Mitversicherten nicht bekannt ist und diese als Nichterwerbstätige per definitionem nicht arbeitsunfähig werden können.
3. Auch für die Gruppe der Rentner ist die Datenlage weitaus dürftiger, da für sie ebenfalls in Ermangelung der Größe „Arbeitsunfähigkeit" kein geeigneter Morbiditätsindikator zur Verfügung steht und darüber hinaus, da sie keine Beiträge zahlen, das Einkommen nicht bekannt ist.

In Tabelle 4.1 sind die in diesem Abschnitt erörterten Entscheidungen über die räumliche, zeitliche und sachliche Abgrenzung der Datenanalyse stichpunktartig zusammengefaßt.

Tabelle 4.1. Rahmen der empirischen Untersuchung

Untersuchungszeitraum:	Kalenderjahr 1979
Geographische Abgrenzung:	Land Baden-Württemberg
Beobachtungseinheiten:	36 Kreise bzw. Ortskrankenkassen
Erfaßter Personenkreis:	AOK-Stammversicherte (Mitglieder)

4.1.2 Messung der Modellvariablen

Die in der unten beschriebenen Regressionsanalyse verwendeten endogenen und exogenen Variablen sind in Tabelle 4.2 zusammengefaßt, einige statistische Kennzahlen dazu in Tabelle 4.3 angegeben. In diesem und im folgenden Abschnitt werden Erläuterungen dazu geliefert. Dabei werden zunächst die modellendogenen (d. h. zu erklärenden) Variablen behandelt und im Anschluß daran die exogenen Variablen (Bestimmungsfaktoren).

Quelle für die Inanspruchnahmevariablen ist jeweils die bereits zitierte „Statistik der Ortskrankenkassen in der Bundesrepublick Deutschland" (BdO 1979). Im Bereich stationärer Behandlung ist die Inanspruchnahme mengenmäßig in „Fällen" und „Tagen" ausgewiesen. Dagegen sind ambulante Leistungen wertmäßig in Form von Ausgabengrößen erfaßt. Preise haben dabei die Rolle von Gewichtungsfaktoren bei der Aggregation inkommensurabler Mengengrößen (z. B. ärztliche Beratung, Labortests, Gerätetherapie) gespielt.

Preisstruktur und -niveau sind jedoch wegen der Gültigkeit derselben Gebührenordnung und der außerordentlich geringen Unterschiede in den Vergütungsquotienten zwischen den einzelnen kassenärztlichen Abrechnungsbezirken einerseits und wegen der Preisbindung für Arzneimittel andererseits unerheblich. Die Wertgrößen enthalten demnach keine Preisverzerrungen und können wie Mengengrößen interpretiert werden.

Anders als in Studien, die auf Haushaltsinterviews basieren, ist eine Trennung nach patienten- und arztinitiierten Arztkontakten (vgl. Wilensky u. Rossiter 1981) aus dem vorliegenden globalen Datenmaterial nicht zu entnehmen. Krämer (1981) behilft sich mit der Konstruktion einer Größe „Initialfrequenz", in die er die Anzahl der Ärzte, die Anzahl der potentiellen Patienten und einen Zeittrend eingehen läßt (vgl. auch 6.1). Wir verzichten auf eine solche künstliche Setzung und betrachten nur einen einzigen Indikator der Inanspruchnahme ambulanter ärztlicher Leistungen, nämlich die Größe AAMOA („Ausgaben für

Tabelle 4.2. Modellvariablen und Datenquellen

Variable	Beschreibung	Quelle	Abschn.	Spalte
AAMOA	Ausgaben für Ärzte je Mitglied	BdO 1979[a]	5	1
AMMOA	Ausgaben für Arzneien, Heil- und Hilfsmittel aus Apotheken je Mitglied	BdO 1979	5	21
KHTM	Krankenhaustage je 100 Mitglieder	BdO 1979	6	179

Tabelle 4.2. (Fortsetzung)

Variable	Beschreibung	Quelle	Abschn	Spalte
KHFM	Krankenhausfälle je 100 Mitglieder	BdO 1979	6	169
KHVDM	Krankenhausverweil- dauer der Mitglieder = KHTM/KHFM	Eigene Berechnung	–	–
AUTM	Arbeitsunfähigkeits- tage je 100 Mitglieder	BdO 1979	6	54
RAUTM	Reine Arbeitsunfähig- keitstage je 100 Mit- glieder = AUTM – KHTM	Eigene Berechnung	–	–
GLT	Grundlohnsumme je Mit- glied in 1000 DM	BdO 1979	2	1
MIT	Mitglieder	BdO 1979	1	33
FRAU	Weibliche Mitglieder	BdO 1979	10	1 (S.70,85)
FRAUANTP	Frauenanteil in % = 100•FRAU/MIT	Eigene Berechnung	–	–
DURALT	Durchschnittsalter der Mitglieder	BdO 1979 u. eigene Berechnung	10	(S.68,83)
VARALT	Varianz des Alters der Mitglieder	BdO 1979 u. eigene Berechnung	10	(S.68,83)
FREI	Freiwillig Versicherte	BdO 1979	1	32
ANTFREIP	Anteil freiwillig Versicherter in % = 100•FREI/MIT	Eigene Berechnung	–	–

Tabelle 4.2.   (Fortsetzung)

Variable	Beschreibung	Quelle	Abschn.	Spalte
AEA	Allgemeinärzte: bereinigtes Ist	KV-BP[b]	–	3
AEF	Fachärzte: bereinigtes Ist	KV-BP	–	5-15
AE	Ärzte = AEA + AEF	Eigene Berechnung	–	–
FAANTP	Facharztanteil in % = 100•AEF/AE	Eigene Berechnung	–	–
BEV	Wohnbevölkerung am 30.6.1979	SBW,Bd.272[c]	1	5
ADICHT	Ärzte je 10000 Einwohner = 10000•AE/BEV	Eigene Berechnung	–	–
BEVD	Einwohner je qkm am 30.6.1979	SBW,Bd.272	1	8
DBD	Dummy "Dicht besiedelt" = 1 falls BEVD>200	Eigene Berechnung	–	–
BIPKOPFT	Bruttoinlandsprodukt 1976 pro Kopf in 1000 DM	SBW,Bd.281[d]	4	10
SKE1000	Verbrauch fossiler Energieträger 1978 in 1000 t SKE	SBW,Bd.281	20	2
QKM	Fläche in qkm	SBW,Bd.281	8	1
ENERGFL	Energieverbrauch pro Flächeneinheit = SKE1000/QKM	Eigene Berechnung	–	–

Tabelle 4.2. (Fortsetzung)

Variable	Beschreibung	Quelle	Abschn.	Spalte
UEB	Übernachtungen 1.10.78 bis 30.9.79	SB-HG[e]	7	3
GEWUEB	Gewichtete Zahl der Übernachtungen $= UEB/\sqrt{BEV \cdot QKM}$	Eigene Berechnung	–	–
DMED40	Dummy = 1, falls Entfernung zu einer medizinischen Hochschule < 40km	Eigene Berechnung	–	–
TB	Tatsächlicher Bettenbestand	LdOWB-KR[f]	2	(S.56-64)
ZVP	Zu versorgende Patienten	LdOWB-KR	2	(S.41-49)
BDICHT	Betten pro 100 zu versorgende Patienten $= 100 \cdot TB/ZVP$	Eigene Berechnung	–	–
BDICHTE	Bettendichte je 1000 Einwohner $= 1000 \cdot TB/BEV$	Eigene Berechnung	–	–

Anmerkungen:
a Bundesverband der Ortskrankenkassen (Hrsg) (1979) Statistik der Ortskrankenkassen.
b Kassenärztliche Vereinigung Nordwürttemberg (Nordbaden, Südwürttemberg, Südbaden) (1979) Bedarfsplan für die ambulante kassenärztliche Versorgung, Stand: 31.12.1979.
c Statistisches Landesamt Baden-Württemberg (Hrsg) (1979) Statistik von Baden-Württemberg, Bd 272: Die Bevölkerung.
d Statistisches Landesamt Baden-Württemberg (Hrsg) (1978) Statistik von Baden-Würtemberg, Bd 281: Daten zur Umwelt.
e Statistisches Landesamt Baden-Württemberg (Hrsg) (1978/79) Statistische Berichte, Handel und Gastgewerbe, G IV 1 und 2 – hj 78/79 und hj 79.
f Landesverband der Ortskrankenkassen Württemberg-Baden (1979) Krankenhaus-Raster, Stand: 1.1.1979.

Tabelle 4.3. Ausgewählte Angaben zu den Modellvariablen

Variable	Mittelwert	Standard- abweichung	Minimum	Maximum
Endogen:				
AAMOA Arztausgaben	223,44	20,90	185,00	290,00
AMMOA Arzneimittelausgaben	149,28	15,30	116,00	203,00
KHTM Krankenhaustage	199,92	31,65	134,10	276,40
KHVDM Verweildauer	15,87	1,18	13,17	18,16
ADICHT Arztdichte	10,27	1,68	8,26	15,63
RAUTM Arbeitsunfähigkeitstage	1689,50	294,29	1274,30	2502,10
Exogen:				
FAANTP Facharztanteil	48,82	5,69	33,48	60,32
DURALT Durchschnittsalter	37,14	0,75	35,52	38,63
VARALT Altersvarianz	180,11	11,08	149,76	196,92
FRAUANTP Frauenanteil	38,10	3,84	30,11	46,28
GLT Grundlohnsumme	22,39	1,25	20,85	26,67
DBD Dicht besiedelt	0,47	0,51	0	1

Tabelle 4.3. (Fortsetzung)

Variable	Mittelwert	Standard-abweichung	Minimum	Maximum
DMED40 Hochschulnähe	0,47	0,51	0	1
BIPKOPFT Wirtschaftskraft	17,55	3,71	13,09	35,12
GEWUEB Übernachtungen	85,61	100,80	10,00	452,54
ENERGFL Energieverbrauch	1,13	1,60	0,26	9,29
ANTFREIP Freiwillig Versicherte	9,20	2,17	5,91	16,99
BDICHT Bettendichte[a]	5,48	1,55	3,55	12,12
BDICHTE Bettendichte[b]	7,32	2,44	3,68	12,60

Erläuterungen:
Erhebungsjahr 1979.
a Bezogen auf eine fiktive Anspruchsbevölkerung;
b Bezogen auf die Wohnbevölkerung.

Ärzte je Mitglied ohne Angehörige"). Entsprechend messen wir die Arzneimittelausgaben in der Größe AMMOA („Ausgaben für Arzneien, Verbands-, Heil- und Hilfsmittel aus Apotheken je Mitglied ohne Angehörige").
Für den Teil der Analyse, der sich auf die stationäre Behandlung bezieht, verwenden wir zum einen die Pro-Kopf-Größe KHTM („Krankenhaustage der Mitglieder ohne Familienangehörige je 100 Mitglieder"), zum anderen die Verweildauer KHVDM („Krankenhaustage je Fall der Mitglieder ohne Familienangehörige"). Ferner entnehmen wir der Statistik der Ortskrankenkassen die Variable AUTM („Arbeitsunfähigkeitstage je 100 Mitglieder"), subtrahieren hiervon jeweils die entsprechenden Krankenhaustage KHTM und erhalten diejenigen Arbeitsunfähigkeitstage, an denen eine ambulante Behandlung mög-

lich ist. Wir bezeichen sie als RAUTM („reine Arbeitsunfähigkeitstage je 100 Mitglieder").

Diese Variable ist mit einem nicht unerheblichen Meßfehler behaftet: Die AOK-Statistik erfaßt nämlich nur diejenigen Arbeitsunfähigkeitstage, für die ein ärztliches Attest vorgelegt wurde. Da viele Arbeitgeber die Vorlage einer derartigen Bescheinigung bei kürzeren Fehlzeiten bis zu 3 Tagen nicht verlangen, treten diese in der Variable RAUTM zu einem großen Teil nicht auf. Auch wenn dieser Umstand nicht zu einer systematischen Verzerrung der Werte zwischen den einzelnen Beobachtungseinheiten führen muß, bedeutet es doch – über die in Abschn. 2.2 besprochenen Einschränkungen hinaus – eine zusätzliche Divergenz zwischen der Morbidität der betreffenden Bevölkerung und dem, was wir in der Größe RAUTM messen. Zudem fehlt auf der Ebene der einzelnen Kassen eine Aufgliederung der Arbeitsunfähigkeitstage nach Krankheitsarten, so daß wir kein genaueres (qualitatives) Morbiditätsmaß entwickeln können.

Den Bedarfsplänen der 4 Kassenärztlichen Vereinigungen Nord-Württembergs, Nordbadens, Südwürttembergs und Südbadens für die ambulante kassenärztliche Versorgung entnehmen wir die Variablen AEA („in der allgemeinärztlichen Versorgung tätige Ärzte") und AEF („in der fachärztlichen Versorgung tätige Ärzte"). Unter Zuhilfenahme der Einwohnerzahl BEV konstruieren wir daraus die Größe ADICHT („Ärzte je 10000 Einwohner") nach der Formel

$$\text{ADICHT} = (\text{AEA} + \text{AEF}) \cdot 10000/\text{BEV}. \tag{4.2}$$

Als erklärende Faktoren für die Unterschiede im Niveau der ambulanten Inanspruchnahme sind neben der Arztdichte und der Morbidität (Arbeitsunfähigkeitstage), die bereits unter den modellendogenen Variablen erwähnt wurden, die Größen Facharztanteil, Einkommen, Alters- und Geschlechtsstruktur sowie Urbanitätsgrad zugänglich.

Wir berechnen die Variable FAANTP („Facharztanteil in %") unter Verwendung der in Gl. (4.2) benötigten Größen nach der Formel

$$\text{FAANTP} = (100 \cdot \text{AEF})/(\text{AEA} + \text{AEF}). \tag{4.3}$$

Als Einkommensgröße verwenden wir GLT („Grundlohnsumme je Mitglied in 1000 DM"), die mit den hinlänglich bekannten Fehlern behaftet ist, daß

1. der Grundlohn nicht das gesamte Einkommen eines Arbeitnehmers darstellt und
2. auch der Grundlohn jedes einzelnen Arbeitnehmers nur bis zur Beitragsbemessungsgrenze (1979: 36000 DM) erfaßt wird.

Außerdem werden mangels geeigneter Daten keine Korrekturen bezüglich der Familiengröße vorgenommen, so daß das Einkommen der betrachteten Kassenmitglieder nur ein unvollkommenes Maß ihres potentiellen Lebensstandards sein kann.

Die Alters- und Geschlechtsstruktur der Mitglieder (Stammversicherten) einer jeden Kasse ist ebenfalls in der Statistik der Ortskrankenkassen genau beschrieben: Die prozentualen Anteile jeder 5-Jahre-Altersgruppe sind, getrennt nach Männern und Frauen, ausgewiesen. Das Problem besteht nun darin, diese Information in möglichst wenigen Variablen komprimiert darzustellen, damit die Zahl der Freiheitsgrade in der Regressionsanalyse nicht zu sehr reduziert wird.

Borchert (1980) konstruiert in seiner Studie (vgl. Abschn. 5.1) aus ähnlichem Ausgangsmaterial einen „Bedarfsindex für ambulante ärztliche Leistungen", indem er alters- und geschlechtsspezifische Inanspruchnahmewerte aus Daten des Landesverbands der Ortskrankenkassen in Bayern heranzieht (Borchert 1980, S. 119). Wir halten die Konstruktion eines solchen Index jedoch nicht für notwendig, da sich zumindest für den ambulanten Teil die von ihm verwendeten und hier in Tabelle 4.4 abgedruckten Reihen durch eine lineare Beziehung zwischen Alter, Geschlecht und Inanspruchnahme gut approximieren lassen.
Um dies zu zeigen, stellen wir eine lineare Schätzgleichung für die Inanspruchnahmewerte in den ersten beiden Spalten von Tab. 4.4 auf. Als erklärende Variablen spezifizieren wir zunächst nur das ALTER (Klassenmitten der jeweiligen Altersklassen) sowie eine Dummyvariable DFEMAL mit dem Wert 1 für Frauen und Null für Männer.

Tabelle 4.4. Alters- und geschlechtsspezifische Inanspruchnahmewerte. (Nach Borchert 1980, S. 119)

Altersstufen (Jahre)	ambulante ärztliche Leistungen in DM je Person und Jahr[a]		Krankenhaustage je Person und Jahr[a]	
	Männer	Frauen	Männer	Frauen
bis unter 5	90	90	1,7	1,8
5 " " 10	60	60	0,8	0,8
10 " " 15	70	70	0,8	0,8
15 " " 20	75	100	0,7	1,3
20 " " 25	90	130	1,3	2,2
25 " " 30	100	150	1,4	2,4
30 " " 35	105	170	1,7	2,5
35 " " 40	120	180	1,9	2,6
40 " " 45	140	190	2,7	3,0
45 " " 50	160	200	2,6	3,3
50 " " 55	180	205	3,2	3,4
55 " " 60	190	210	3,7	3,6
60 " " 65	200	220	5,0	4,2
65 " " 70	205	215	5,3	4,8
70 " " 75	210	215	5,9	5,0
75 und älter	230	230	6,0	5,3

Quelle: Borchert (1980), S. 119   a geglättete Werte.

Tabelle 4.5. Regressionsgleichungen für alters- und geschlechtsspezifische ärztliche Leistungen. (Nach Tabelle 4.4)

Gleichung	1	2	3
Unabhängige Variable	Schätzkoeffizienten (Standardfehler)		
Const.	48,986 ** (6,653)	39,541 ** (9,055)	38,116 ** (10,521)
ALTER	2,270 ** (0,129)	2,980 ** (0,489)	3,016 ** (0,514)
ALTERQ	–	-0,009 (0,006)	-0,009 (0,006)
DFEMAL	25,625 ** (6,020)	25,625 ** (5,894)	28,474 * (11,813)
ALTFEMAL	–	–	-0,072 (0,257)
R^2	0,9189	0,9249	0,9251

Erläuterungen:

DFEMAL = 1 für Frauen.
ALTERQ = ALTER zum Quadrat.
ALTFEMAL = ALTER · DFEMAL.

** Signifikant auf dem 99%-Niveau.
* Signifikant auf dem 95%-Niveau.
R^2 Einfaches Bestimmtheitsmaß.

Spalte 1 in Tabelle 4.5 enthält die Schätzkoeffizienten für diese Gleichung. Beide Variablen sind signifikant auf dem 99%-Niveau, und zusammen erklären sie knapp 92% der Varianz der alters- und geschlechtsspezifischen Arztausgaben.[1] Die Hinzunahme des quadrierten Alters, ALTERQ, erhöht das Bestimmtheitsmaß um 0,5% (Gl. 2), während die Aufnahme eines Interaktionsterms zwischen Alter und Geschlecht, ALTFEMAL, kaum noch einen Einfluß darauf hat (Gl. 3). Keiner der beiden Koeffizienten dieser zusätzlichen Variablen ist signifikant von Null verschieden, der von ALTFEMAL sogar wesentlich kleiner als sein Standardfehler.

---

1 Das „Bestimmtheitsmaß" oder der „multiple Korrelationskoeffizient" R^2 ist definiert als 1 minus dem Quotienten aus der Varianz der Störterme und der Varianz der zu erklärenden Variablen. Es wird daher interpretiert als der Anteil der letztgenannten Varianz, der durch das Modell erklärt wird (vgl. etwa Schönfeld 1969, S. 46).

Ist der Zusammenhang zwischen Alter und Inanspruchnahme jedoch linear, so läßt sich der Einfluß der Altersstruktur einer *Bevölkerungsgruppe* allein durch die Variable Durchschnittsalter korrekt erfassen. Wird ein quadratischer Zusammenhang bejaht – was aufgrund der Schätzergebnisse möglich, wenn auch nicht zwingend ist –, so empfiehlt es sich, zusätzlich die Varianz des Alters in der betrachteten Gruppe zu messen. Besteht darüber hinaus keine Interaktion zwischen Alter und Geschlecht, d. h. weist die Regressionsgerade für Frauen lediglich einen anderen Ordinatenabschnitt, aber dieselbe Steigung auf wie die für Männer, so genügt die Variable Frauenanteil, um den Einfluß der Geschlechterverteilung zu beschreiben.

Tabelle 4.6.   Regressionsgleichungen für alters- und geschlechtsspezifische Krankenhaustage je 100 Personen. (Nach Tabelle 4.4)

Gleichung	1	2	3
Unabhängige Variable	Schätzkoeffizienten (Standardfehler)		
Const.	23,881 (22,197)	92,240 ** (25,305)	61,275 ** (26,745)
ALTER	6,438 ** (0,430)	1,298 (1,368)	2,079 (1,306)
ALTERQ	–	0,064 ** (0,016)	0,064 ** (0,015)
DFEMAL	14,375 (20,084)	14,375 (16,470)	76,306 * (30,030)
ALTFEMAL	–	–	–1,560 * (0,652)
R^2	0,8858	0,9258	0,9388

Erläuterungen: Vgl. Tabelle 4.5.

Das „Durchschnittsalter" der Mitglieder einer Ortskrankenkasse, DURALT, erhalten wir, in dem wir die in der AOK-Statistik angegebene prozentuale Besetzung der 5-Jahre-Altersklassen jeweils mit den Klassenmitteln multiplizieren und summieren. Für die über 75jährigen definieren wir dabei die Klassenmitte auf 80 Jahre, für die unter 15jährigen auf 12 Jahre, da es sich um Stammversicherte, also zumeist Erwerbstätige handelt und somit die Altersverteilung innerhalb dieser Gruppe von den 14jährigen dominiert sein dürfte. Es sei angemerkt, daß die Variable DURALT auf Variationen in diesen definitorischen Setzungen kaum spürbar reagiert, da beide Endklassen außerordentlich dünn besetzt sind.

Analog bestimmen wir VARALT, die „Varianz des Alters der Mitglieder". Den „prozentualen Frauenanteil", FRAUANTP, berechnen wir durch einfache Division der Zahl der weiblichen Mitglieder durch die aller Mitglieder und Multiplikation mit 100.

Der Zusammenhang zwischen Alters- und Geschlechtsstruktur einerseits und Inanspruchnahme andererseits ist im Falle stationärer Behandlung komplizierter, wenn man wiederum die alters- und geschlechtsspezifischen Werte aus Tabelle 4.4 (Spalten 3 und 4: Krankenhaustage je Person und Jahr) zugrundelegt. Analoge Schätzgleichungen wie für die ambulanten ärztlichen Leistungen ergeben diesmal (Tabelle 4.6), daß die Variablen ALTER und DFEMAL allein 88,6% der Varianz der abhängigen Variablen erklären (Gl. 1), daß dieser Wert jedoch durch Einbeziehung des quadrierten Alters, ALTERQ, um 4% zunimmt (Gl. 2) und daß ALTERQ hochsignifikant ist. Diese Beobachtungen sprechen für eine quadratische Beziehung zwischen Alter und Krankenhaustagen.[1]

Darüber hinaus ist der Interaktionsterm signifikant negativ, was bedeutet, daß die Steigung der geschätzten Kurve für Frauen geringer ist als für Männer. Die Einbeziehung dieser Variablen steigert den Anteil der erklärten Varianz um weitere 1,3% auf 93,9%. Dieses Ergebnis legt nahe, in dem entsprechenden Teil unserer Analyse als erklärende Variablen außer den bereits erwähnten Größen DURALT, VARALT und FRAUANTP noch ein weiteres Maß aufzunehmen, das etwaige Unterschiede in der Altersstruktur zwischen männlichen und weiblichen Kassenmitgliedern berücksichtigt. Wir verzichten jedoch auf die Konstruktion einer solchen Variablen aus dem Ausgangsmaterial, da sie sehr aufwendig wäre und zudem die Güte der Anpassung von Gl. 2 (Tab. 4.6), die diese Interaktion vernachlässigt, nur wenig schlechter ist als die von Gl. 3, die sie berücksichtigt.

Als Gradmesser für den Urbanitätsgrad einer geographischen Einheit wählen wir die Bevölkerungsdichte, die den Daten des Statistischen Landesamts Baden-Württemberg zu entnehmen ist. Da der Einfluß der Besiedlungsdichte auf die hier interessierenden Verhaltensweisen der Bevölkerung nicht linear sein wird, erfassen wir ihn in Form einer Dummyvariablen für dicht besiedelte, „städtische" Gebiete, DBD, die den Wert 1 erhält, sofern die Bevölkerungsdichte mehr als 200 Einwohner pro Quadratkilometer beträgt.[2]

Der Mangel dieser Vorgehensweise liegt auf der Hand. Die Besiedlungsdichte als Durchschnittswert läßt die Konzentration der Bevölkerung innerhalb des jeweiligen Gebiets unberücksichtigt. Läge eine Großstadt inmitten einer riesigen

---

1 Einen ähnlichen Zusammenhang zwischen Alter und Krankenhaustagen ermittelte Zwerenz (1982, S. 31 ff.).

2 Dieser Wert bietet sich an, da so die Stichprobe in 2 annähernd gleich große Untermengen (mit 17 bzw. 19 Beobachtungen) zerteilt wird.

Wüste, so erhielte das Gesamtgebiet einen niedrigen Wert für die Bevölkerungsdichte, obwohl alle Einwohner Städter sind. Da dieser Mangel nur durch Aufnahme zusätzlicher Variablen wie „Anteil der Großstadtbewohner an der Bevölkerung" behoben werden könnte, wird er im Interesse der Einfachheit der Struktur der Schätzgleichungen in Kauf genommen.

Als Indikator der Verfügbarkeit des Angebots im stationären Bereich verwenden wir die „Bettendichte", BDICHT. Sie ergibt sich als Quotient des mit 100 multiplizierten „tatsächlichen Bettenbestands" und der Anzahl der „zu versorgenden Patienten", beides laut „Krankenhaus-Raster" des Landesverbands der Ortskrankenkassen Württemberg-Baden. Diese Definition der Bettendichte nimmt also Bezug auf eine fiktive Anspruchsbevölkerung, in deren Berechnung beobachtete Patientenwanderungen eingehen. Alternativ berechnen wir die auf die *Wohnbevölkerung* bezogene Bettendichte BDICHTE, nämlich „Bettenbestand je 1000 Einwohner".

In die Erklärung für die Variation der Arbeitsunfähigkeitstage gehen die bereits erwähnten Variablen ADICHT, DURALT, VARALT, FRAUANTP und GLT ein. Da, wie in Abschn. 3.3 erörtert wurde, viele freiwillig Versicherte aufgrund ihres Erwerbsstatus nicht krankgeschrieben werden können, berücksichtigen wir den prozentualen Anteil freiwillig Versicherter an der Gesamtzahl der Mitglieder einer Kasse in der Variablen ANTFREIP.

Das Ausmaß der Luftverschmutzung im Sinne einer Schadstoffkonzentration wird amtlich nur an wenigen Punkten des Landes Baden-Württemberg, nicht jedoch in jedem einzelnen Kreis gemessen. Als Hilfsgröße verwenden wir, da fossile Brennstoffe zu einem erheblichen Teil für die Beeinträchtigung der Luftqualität verantwortlich sind, den in der Statistik von Baden-Württemberg ausgewiesenen Verbrauch an fossilen Energieträgern im Jahre 1978 in 1000 t SKE, dividieren ihn durch die Fläche des Kreises in Quadratkilometern und nennen die dadurch definierte Variable ENERGFL („Energieverbrauch pro Flächeneinheit").

Diese Vorgehensweise läßt zwei wichtige Aspekte außer acht, nämlich zum einen die Beziehung zwischen Energieverbrauch und Schadstoffemissionen, die durch unterschiedlich strenge Rückhaltemaßnahmen beeinflußt wird, und zum anderen den Austausch von Luftmassen verschiedener Reinheit zwischen den Regionen. ENERGFL ist also ein sehr unvollkommenes Maß der Luftqualität selbst. Dieser Mangel kann jedoch u. E. toleriert werden, wenn man den Energieverbrauch je Flächeneinheit auch als Proxyvariable für weitere gesundheitsrelevante Umwelteinflüsse wie Verkehrsdichte und Industrialisierungsgrad ansieht.

Als Determinanten der Arztdichte benötigen wir Gradmesser für die Attraktivität (Freizeitwert) einer Region, ihre Wirtschaftskraft, den Anteil von Privatpatienten, die Nachfrageintensität, die Verfügbarkeit von Krankenhausbetten und die Nähe einer medizinischen Hochschule.

Als kulturelles Attraktivitätsmaß verwenden wir wieder die Dummyvariable für städtische Gebiete, DBD. Den Erholungswert messen wir an der Anzahl von Übernachtungen im Fremdenverkehr im Berichtszeitraum Oktober 1978 – September 1979. Problematisch ist hier lediglich die Bezugsgröße. Bezieht man die Zahl der Übernachtungen auf die Fläche des Kreises, so erhalten Stadtkreise ohne oder mit nur geringem Umland wie Stuttgart einen künstlich überhöhten

Wert; bezieht man sie auf die Einwohnerzahl, so übertreibt dies die Attraktivität dünn besiedelter Erholungsgebiete wie des Schwarzwalds. Wir wählen daher das geometrische Mittel beider Werte als Bezugsgröße.[1] Das Attraktivitätsmaß „gewichtete Übernachtungen", GEWUEB, ist daher die Anzahl der Übernachtungen dividiert durch die Quadratwurzel des Produkts aus Fläche und Einwohnerzahl.

Die Wirtschaftskraft einer Region messen wir durch das „Bruttoinlandsprodukt 1976 je Kopf der Bevölkerung in 1000 DM", BIPKOPFT, die Verfügbarkeit von Krankenhausbetten alternativ durch die Bettendichtevariablen BDICHT und BDICHTE. Die Nähe zu einer medizinischen Hochschule erfassen wir in der Dummyvariablen DMED40, die den Wert 1 erhält, falls der betreffende Kreis zum überwiegenden Teil seiner Fläche innerhalb eines Radius von 40 km um eine Universitätsstadt mit medizinischer Fakultät (Heidelberg, Freiburg, Tübingen, Ulm, Würzburg) liegt.

Zahlen über die Zusammensetzung der Bevölkerung in gesetzlich und privat Versicherte nach Stadt- und Landkreisen sind nicht verfügbar, weil solche Daten in der amtlichen Statistik nicht für alle Einwohner erhoben werden und Mikrozensusangaben hierzu wegen der zu geringen Besetzung in den einzelnen Kreisen nicht repräsentativ sein können. Es ist lediglich zu vermuten, daß der Anteil privat Versicherter mit der Wirtschaftskraft einer Region positiv korreliert sein wird. Ist diese Einschätzung korrekt, so verstärkt dieser Gesichtspunkt die Erwartung eines positiven Einflusses der genannten Variablen BIPKOPFT auf die Arztdichte.

Schließlich verwenden wir als Gradmesser für die Nachfrageintensität die „Ausgaben für ärztliche Leistungen pro Kopf", AAMOA. Problematisch an dieser Variable ist, daß sie lediglich AOK-Mitglieder erfaßt und auch unter diesen nur die Stammversicherten. Ein vollkommen korrektes Maß der Inanspruchnahme ist diese Variable nur dann, wenn sie mit den (nicht beobachtbaren) Pro-Kopf-Ausgaben aller anderen Einwohner der jeweiligen Kreise einen Korrelationskoeffizienten von 1 aufweist, d. h. wenn die eine Zahlenreihe durch lineare Transformation aus der anderen ableitbar ist.

Ist das Inanspruchnahmeverhalten der beiden Bevölkerungsgruppen dagegen vollkommen unkorreliert, so ist die Variable AAMOA mit einem stochastischen Meßfehler behaftet, der der Addition eines normalverteilten Störglieds entspricht. Die Kleinstquadratmethode führt in diesem Fall zu verzerrten Schätzungen, wobei der Koeffizient der Variablen selbst eindeutig nach unten verzerrt ist, während die Richtung der Verzerrung der anderen Variablen unbestimmt ist (vgl. Maddala 1977, S. 294). Völlig falsche Schlußfolgerungen würden sich bei negativer Korrelation der Pro-Kopf-Ausgaben der AOK-Stammversicherten und aller anderen Einwohner ergeben. Später werden wir anhand unserer Ergebnisse über die Determinanten der Inanspruchnahme diskutieren, welches Vorzeichen und Ausmaß der Korrelation wir für plausibel halten (vgl. 4.2.1.3).

---

1 Das geometrische Mittel ist die einfachste Form der Aggregation zweier inkommensurabler Größen. Das arithmetische Mittel ist in einem solchen Fall nicht sinnvoll zu bilden, da diese Größen nicht addiert werden können.

4.1.3 Aufstellung der Schätzgleichungen und Wahl des funktionalen Zusammenhangs

Nachdem in Abschn. 4.1.2 abgeklärt wurde, wie die im theoretischen Teil (Kap. 2 und 3) genannten Variablen in unserer konkreten Untersuchung gemessen werden können, sind wir jetzt in der Lage, die Schätzgleichungen für die multiple Regressionsanalyse aufzustellen.

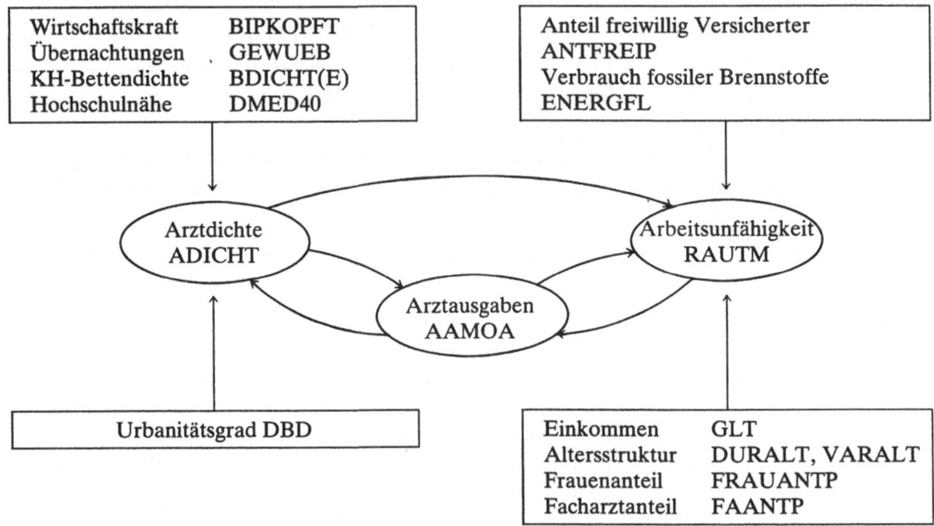

Abb. 4.1.   Das empirische Modell der ambulanten Versorgung

Wie in Abschn. 3.1 erläutert wurde, soll die Inanspruchnahme ambulanter ärztlicher Leistungen simultan mit der Arztdichte und den Arbeitsunfähigkeitstagen erklärt werden. Abbildung 3.2, die dieses Modell theoretisch darstellt, kann unter Rückgriff auf die oben angestellten Überlegungen hinsichtlich der Meßbarkeit der Variablen wie folgt konkretisiert werden: In Abb. 4.1 sind wiederum die endogenen Variablen in den Ovalen, die exogenen in den Rechtecken dargestellt; die Pfeile symbolisieren die Erklärungsrichtung. In algebraischer Form ausgedrückt, besteht das Schätzmodell aus den folgenden 3 Gleichungen:

$$\text{AAMOA} = f^1 (\text{RAUTM, ADICHT, FAANTP, GLT, DURALT,}$$
$$\text{VARALT, FRAUANTP, DBD}) \qquad (4.4)$$

$$\text{ADICHT} = f^2 (\text{AAMOA, GEWUEB, BIPKOPFT, DBD,}$$
$$\text{DMED 40, BDICHT}) \qquad (4.5)$$

$$\text{RAUTM} = f^3 (\text{AAMOA, ADICHT, FAANTP, GLT, DURALT,}$$
$$\text{VARALT, FRAUANTP, ANTFREIP, ENERGFL}). \qquad (4.6)$$

In diesem simultanen Modell ist jede der 3 Gleichungen nach dem Abzählkriterium überidentifiziert und daher identifiziert (vgl. Fußnote zu S. 51): Neben den 3 endogenen Variablen umfaßt das System 12 exogene Variablen, von denen jede Gleichung höchstens 7 enthält.[1]

Alle weiteren Modelle bestehen aus jeweils einer Gleichung, da bei ihnen das Problem der wechselseitigen Beeinflussung nicht auftritt. Für die Erklärung der Arzneimittelausgaben kommen dieselben Einflußfaktoren in Frage wie für ärztliche Leistungen. Daher lautet die entsprechende Schätzgleichung:

$$\text{AMMOA} = f^4 \, (\text{RAUTM, ADICHT, FAANTP, GLT, DURALT,} \\ \text{VARALT, FRAUANTP, DBD}). \tag{4.7}$$

Auf die Krankenhaustage und -verweildauer wirkt zusätzlich die Krankenhausbettendichte ein:

$$\text{KHTM} = f^5 \, (\text{RAUTM, ADICHT, FAANTP, BDICHT, DURALT,} \\ \text{VARALT, FRAUANTP, GLT, DBD}). \tag{4.8}$$

$$\text{KHVDM} = f^6 \, (\text{ADICHT, FAANTP, BDICHT, DURALT,} \\ \text{VARALT, GLT, FRAUANTP, DBD}). \tag{4.9}$$

Zu beachten ist, daß die Morbiditätsvariable RAUTM in der Verweildauergleichung fehlt, da sie eine Pro-Kopf-pro-Jahr-Größe ist, die Verweildauer jedoch eine Pro-Fall-Größe, so daß zwischen ihnen kein systematischer Zusammenhang bestehen kann. In Gl. (4.5), (4.8) und (4.9) kann BDICHT durch BDICHTE ersetzt werden, falls die Güte der Anpassung dadurch zunimmt.

Zu klären ist nun die spezifische funktionale Form der Beziehungen f^1 bis f^6. Hierzu können 3 unterschiedliche Kriterien herangezogen werden.

1. Im Idealfall wird der funktionale Zusammenhang zwischen einer endogenen und den exogenen Variablen von der ökonomischen Theorie vorgeschrieben (vgl. die Beispiele bei Zarembka 1974). Will man etwa die Parameter einer Cobb-Douglas-Produktionsfunktion schätzen, so muß man eine multiplikative Beziehung zwischen Input- und Outputmengen unterstellen, die sich durch Logarithmierung in eine lineare überführen läßt.

2. Falls die Theorie keine eindeutige Aussage über die funktionale Form macht, so kann der Empiriker nach zwei weiteren Kriterien die Auswahl zwischen dem linearen und einem anderen Funktionstyp treffen. Zum einen sollte berücksichtigt werden, wie weit die beobachteten Werte der exogenen Variablen auseinanderliegen. Ist diese Spannbreite gering, so läßt sich jeder Funktionstyp des „wahren" Zusammenhangs durch eine lineare Beziehung hinreichend genau approximieren (Rao u. Miller 1971, S. 2). Es lohnt sich also in diesem Fall nicht, nach komplizierteren Funktionen zu suchen.

3. Zum anderen kann man alternativ Regressionsgleichungen mit mehreren verschiedenen Formen schätzen und die Anpassung etwa anhand des Box-Cox-Verfahrens vergleichen (Rao u. Miller 1971, S. 108 ff.). Man wählt dann

---

[1] Genaugenommen genügt diese Feststellung nicht, um Identifikation nachzuweisen, da das Abzählkriterium nur notwendig, aber nicht hinreichend für die Identifikation ist. In unserem Fall ist die Identifikation aber auch nach dem hinreichenden „Rangkriterium" (vgl. Kmenta 1971, S. 543) gesichert.

ex post denjenigen Funktionstyp, der bei einer Schätzung mit Hilfe der Box-Cox-Transfomation die geringste Summe der quadrierten Abweichungen aufweist. Üblicherweise reduziert man dabei die Auswahl auf einen Vergleich der beiden gebräuchlichsten Funktionsformen, nämlich a) linear in den Variablen selbst („lineare Form") versus b) linear in den Logarithmen der Variablen („logarithmische Form"),[1] wobei letztere einer multiplikativen Verknüpfung der ursprünglichen Variablen entspricht.

Alle 3 Gesichtspunkte werden in dieser Arbeit bei der Auswahl der Modellspezifikation berücksichtigt. Da die Gleichung zur Erklärung der Inanspruchnahme ärztlicher Leistungen, Gl. (4.4), von der Sache her am interessantesten ist, verdeutlichen wir unsere Vorgehensweise an diesem Beispiel.

Zu 1: Die Variablen auf der rechten Seite dieser Gleichung (Arztdichte, Facharztanteil, Morbidität, Einkommen, Altersstruktur, Frauenanteil, Urbanitätsgrad) sind ihrem Charakter nach zu heterogen, um aufgrund der ökonomischen Theorie einen ganz bestimmten funktionalen Zusammenhang nahezulegen. Zu berücksichtigen ist insbesondere der Umstand, daß auch die Annahme des Rationalverhaltens – wie immer dies konkret zu definieren wäre – hier nicht zu griffigen analytischen Regeln wie „Grenzrate der Substitution gleich Preisverhältnis" führen kann. Ein solches ökonomisches Kalkül entfällt, da der Geldpreis der betrachteten Leistungen für den Patienten Null ist und der Zeitpreis nicht direkt gemessen werden kann . Die Folge ist eine „weiche" Theorie, die die funktionale Beziehung zwischen den Modellvariablen offen läßt und lediglich Voraussagen über das Vorzeichen der einzelnen Effekte (d. h. der partiellen Ableitungen nach den exogenen Variablen) zuläßt.

Borchert (1980, S. 54f.) hält dagegen einen multiplikativen Zusammenhang für gegeben, da bei einer Arztdichte von Null die Inanspruchnahme ärztlicher Leistungen zwangsläufig auch Null werden müsse. Seine Begründung leuchtet jedoch aus zwei Gründen nicht ein (vgl. auch Kap. 5): Zum einen bedeutet eine Arztdichte von Null in *einer* regionalen Einheit keineswegs, daß die Einwohner dieses Gebiets keine ärztliche Behandlung mehr erhalten können, solange in den Nachbargebieten Ärzte angesiedelt sind.

Zum anderen ist es problematisch, aus einer empirischen Studie mit beobachteten Arztdichten zwischen 8 und 16 (je 10000 Einwohner) Rückschlüsse über das Verhalten der endogenen Größe bei einer Arztdichte von Null zu ziehen. Es kann u. E. nicht Sinn einer solchen empirischen Schätzung sein, Voraussagen aufgrund extremer Extrapolationen zu treffen, sondern bestimmte Fragen wie z. B. die folgende zu beantworten: Welche Auswirkungen auf die Inanspruchnahme und damit auf die Kosten des Gesundheitswesens sind zu erwarten, wenn die Arztdichte in allen Regionen auf das Niveau des heute bestversorgten Gebiets angehoben wird (vgl. Kap. 7)?

Zu 2: Dieser Gedankengang leitet über zur Berücksichtigung des zweiten Gesichtspunkts, der Spannbreite der exogenen Variablenwerte. Wie Tabelle 4.3

---

1 Die Dummyvariablen, die ja nur die Werte Null und 1 annehmen können, verbleiben in ihrer ursprünglichen Form, da der Logarithmus von Null gleich minus unendlich und somit keine reelle Zahl ist.

zeigt, stehen die niedrigsten und höchsten Werte fast aller Nicht-Dummyvariablen im Verhältnis von 1:4 oder weniger zueinander. Eine Ausnahme stellen lediglich die Variablen GEWUEB in der Arztdichtegleichung und ENERGFL in der Arbeitsunfähigkeitsgleichung dar. Danach wäre das oben genannte Kriterium für die Anwendbarkeit des linearen Funktionstyps zumindest für die Inanspruchnahmegleichungen (4.4) sowie (4.7)–(4.9) gut erfüllt. Zu beachten sind daneben jedoch noch einzelne „Ausreißer"-Werte, die bei linearer Funktionsform die Lage der Regressionsgeraden stark beeinflussen können. In diesen Fällen ist ebenfalls die logarithmische Form vorzuziehen.

Zu 3: Die Gl. (4.4)–(4.6) werden alternativ in linearer und logarithmischer Form geschätzt werden. Mit Hilfe der Box-Cox-Prozedur wird geklärt werden, welcher dieser beiden Funktionstypen die bessere Anpassung und damit die verläßlicheren Ergebnisse liefert.

Die bisher diskutierten Schätzgleichungen (4.4)–(4.9) dienen dem Zweck, bei der Erklärung der Variation einer betrachteten endogenen Größe (auf der linken Seite der Gleichung) die Effekte verschiedener exogener Bestimmungsfaktoren (auf der rechten Seite) voneinander zu isolieren und jeden von ihnen zu quantifizieren. Die Struktur der Fragestellungen, die damit beantwortet werden sollen, ist, an einem Beispiel ausgedrückt, die folgende: „Welchen Einfluß auf die Arztausgaben pro Kopf hat eine exogene Zunahme der Arztdichte *ceteris paribus*, d.h. bei gleichbleibenden sonstigen Charakteristika der Region und ihrer Bevölkerung?" Zur Beantwortung bedient man sich multivariater statistischer Verfahren, in unserem Fall der multiplen Regressionsrechnung.

Ein anderer Ansatz ist zur Überprüfung der in Abschn. 2.4.2 diskutierten Zieleinkommenshypothese bezüglich der ambulanten ärztlichen Tätigkeit angebracht. Der aus dieser Hypothese abgeleitete (theoretische) Zusammenhang zwischen Arztdichte und Inanspruchnahme ärztlicher Leistungen bei Rationierung bzw. künstlicher Nachfrageschaffung (vgl. Abb. 2.3) enthält keine Ceteris-paribus-Klausel: Behauptet wird die Proportionalität von Arztdichte und Inanspruchnahme in bestimmten Wertbereichen der Arztdichtevariablen unabhängig davon, ob andere Größen wie Patientencharakteristika variieren oder nicht.

Die Aufhebung der Ceteris-paribus-Klausel läßt sich auf folgende Weise plausibel machen: Werden in Region A bei doppelt so hoher Arztdichte doppelt so viele Leistungen erbracht wie in Region B, so ist es gleichgültig, ob infolge unterschiedlicher Alters- und Morbiditätsstrukturen in Region A auch der „exogene Mindestbedarf" an ärztlichen Leistungen (vgl. 2.4.2.1) höher ist als in B. Auch wenn ein Teil der zusätzlichen Inanspruchnahme *ursächlich* auf andere Gründe zurückgehen mag, tut dies einer Bestätigung der postulierten Proportionalität im Ergebnis keinen Abbruch. Daher muß diese Hypothese abweichend von den oben diskutierten Theorien mit der bivariaten Methode der Einfachregression getestet werden: Die abhängige Variable ist die Inanspruchnahme pro Kopf, die einzige unabhängige Variable ist die Arztdichte.

Allerdings werden wir nicht die in Gl. (4.2) definierte „einfache" Arztdichte verwenden, bei der Allgemein- und Fachärzte gleich behandelt werden. Da für die Rationierung ärztlicher Leistungen die Angebotskapazität entscheidend ist und ein Facharzt aufgrund seiner im Durchschnitt besseren Ausstattung mit Geräten und Personal pro Zeiteinheit mehr Leistungen erbringen kann als ein

Allgemeinarzt, sollten Fachärzte einen höheren Gewichtungsfaktor erhalten als Allgemeinärzte. Analog kann im Sinne der Zieleinkommenshypothese argumentiert werden, daß ein Facharzt wegen seiner höheren Praxiskosten einen größeren Umsatz erwirtschaften muß als ein Allgemeinarzt, damit beide dasselbe persönliche (Ziel-) Einkommen erreichen. Wir folgen daher einer Anregung von Krämer (1981, S. 54) und gewichten die Zahl der Allgemeinärzte mit dem Faktor 1 und die der Fachärzte mit 1,5 (vgl. auch 6.1). Die resultierende Größe nennen wir „modifizierte Arztdichte", ADICHTM:

$$ADICHTM = (AEA + 1,5 \cdot AEF) \cdot 10\,000/BEV. \tag{4.10}$$

Entsprechend lautet unsere Schätzgleichung

$$AAMOA = f^7\,(ADICHTM). \tag{4.11}$$

Diese einfache Regressionsgerade ist zunächst für die gesamte Stichprobe zu schätzen. Die Behauptung der Proportionalität der beiden Variablen läßt sich dann alternativ auf zweierlei Weise testen:
a) Schätzt man eine lineare Beziehung zwischen den beiden Variablen selbst, also

$$AAMOA = a^0 + a^1\,ADICHTM. \tag{4.12}$$

so muß die Regressiongerade durch den Ursprung laufen, also einen Ordinatenabschnitt von Null aufweisen. Die Testhypothese ist zu verwerfen, falls der Schätzkoeffizient des konstanten Gliedes a^0 signifikant von Null abweicht.
b) Spezifiziert man die Variablen dagegen in logarithmischer Transformation, also

$$\ln AAMOA = b^0 + b^1 \ln ADICHTM. \tag{4.13}$$

so erfordert eine Proportionalität zwischen den Ausgangsvariablen, daß der Schätzwert für den Koeffizienten b^1, d. h. die Elastizität der Inanspruchnahme bezüglich der modifizierten Arztdichte, den Wert 1 erhält.

Ist die Proportionalität nach diesen Kriterien verletzt, so ist mit Hilfe der Durbin-Watson-Statistik (vgl. Maddala 1977, S. 87) zu prüfen, ob der „wahre" Zusammenhang nichtlinear ist. Muß diese Frage bejaht werden, so ist durch geeignete Aufteilung der Datenmenge in Teilstichproben nach Bereichen stückweiser Linearität (vgl. Abb. 2.3) zu suchen, und die beschriebenen Tests sind auf diese Teilbereiche anzuwenden. Wie oben dargestellt, verlangt die Gültigkeit der Zieleinkommenshypothese, daß ein proportionaler Zusammenhang zwischen Inanspruchnahme und modifizierter Arztdichte zumindest bei sehr niedriger und sehr hoher Arztdichte vorliegen muß.
Leider liefert die Theorie keine Anhaltspunkte dafür, bei welcher Ärztezahl je 10 000 Einwohner die Arztdichte als „niedrig", „mittel" bzw. „hoch" zu gelten hat, und es ist durchaus denkbar, daß die gesamte betrachtete Stichprobe aus Regionen entnommen wurde, die nur einem oder zwei dieser Teilbereiche zuzurechnen sind (vgl. Abb. 2.4a und 2.4b).

4.2 Ergebnisse der Regressionsrechnung

In diesem Abschnitt diskutieren wir die Ergebnisse der Schätzungen der oben aufgestellten Regressionsgleichungen (4.4)–(4.9). Die Schätzungen wurden im Rechenzentrum der Universität Heidelberg mit dem statistischen Programmpaket SAS erstellt. Jede der Gleichungen wurde in mehreren alternativen Spezifikationen geschätzt. Zur Präsentation und Diskussion in dieser Arbeit wählten wir jeweils die folgenden Spezifikationen aus:[1]

1. das umfassende Modell mit allen exogenen Variablen, die aufgrund der Theorie als wichtig angesehen werden. Diese Version führt i. allg. zur geringstmöglichen Verzerrtheit der Schätzkoeffizienten;

2. im Falle der Einzelgleichungsschätzung mit Hilfe der gewöhnlichen Methode der kleinsten Quadrate (OLS) das Modell mit dem höchsten Wert des korrigierten Bestimmtheitsmaßes,[2] denn dieses Modell ist am besten zur Ableitung von Vorhersagen geeignet (Rao u. Miller 1971, S. 21);

3. weitere Versionen der Gleichung, die durch die Korrektur offensichtlicher Spezifikationsfehler in den unter 1) und 2) genannten Versionen entstehen oder aus anderen Gründen von theoretischem Interesse sind.

Zunächst wurde für jede der 6 Gleichungen die Frage geklärt, welche funktionale Form den „wahren" Zusammenhang am besten wiedergibt. Zu diesem Zweck wurde ein Box-Cox-Test zum Vergleich der linearen und der logarithmischen Form durchgeführt (vgl. Maddala 1977, S. 316f.): Die Werte der jeweiligen abhängigen Variablen werden dabei durch ihr geometrisches Mittel dividiert, und die dadurch definierte Größe wird zur neuen abhängigen Variablen. Die Gleichung wird nun alternativ in linearer und logarithmischer Form geschätzt und die Summe der quadrierten Abweichungen (SSR für "sum of squared residuals") bei dieser Schätzung verglichen. Die Funktionsform mit der geringeren SSR wird dann ausgewählt.

Tabelle 4.7 faßt die ermittelten SSR-Werte für Gl. (4.4)–(4.9) zusammen. Man erkennt, daß die logarithmische Funktionsform der linearen in allen 6 Fällen überlegen ist. Diese Form hat überdies den Vorteil, daß die Regressionskoeffizienten unmittelbar als Elastizitäten interpretierbar sind.[3]

4.2.1 Der Markt für ambulante ärztliche Leistungen

4.2.1.1 Simultane Erklärung der Arztausgaben, der Arztdichte und der Arbeitsunfähigkeitstage

Wie in Kap. 3 argumentiert wurde, besteht zwischen den Größen Inanspruchnahme ärztlicher Leistungen, Arztdichte und Arbeitsunfähigkeitstage eine wech-

---

1 Im folgenden verwenden wir den Begriff „Version" synonym zu „Spezifikation".

2 Das von Theil (1958) entwickelte korrigierte Bestimmtheitsmaß $\bar{R}^2$ geht aus dem einfachen Bestimmtheitsmaß R^2 durch die Korrektur um die Zahl der Freiheitsgrade hervor. Es erreicht sein Maximum, wenn nur solche Variablen in der Gleichung belassen werden, deren Schätzkoeffizienten größer sind als die dazugehörigen Standardfehler (vgl. Maddala 1977, S. 121).

3 Die Elastizität ist wie üblich definiert als Verhältnis zwischen der relativen Änderung der Variablen auf der linken Seite und der relativen Änderung der betreffenden Variablen auf der rechten Seite der Gleichung.

Tabelle 4.7. Ergebnisse des Box-Cox-Tests für Gl. (4.4)–(4.9)

Funktionsform		Linear	Logarithmisch
Gl.	Abhängige Variable	Summe der quadrierten Abweichungen der transformierten Schätzgleichung	
(4.4)	AAMOA	0,063	0,059
(4.5)	ADICHT	0,237	0,189
(4.6)	RAUTM	0,186	0,153
(4.7)	AMMOA	0,208	0,194
(4.8)	KHTM	0,582	0,559
(4.9)	KHVDM	0,080	0,072

selseitige Abhängigkeit, die die simultane Schätzung der Gl. (4.4)–(4.6) nahelegt. Diese wurde mit Hilfe der 2stufigen Methode der kleinsten Quadrate (2SLS) durchgeführt. In den Tabellen 4.8–4.10 sind für jede der 3 Gleichungen die Schätzkoeffizienten und Standardfehler der zweiten Stufe des Verfahrens angegeben. Soweit modellendogene Variablen (RAUTM, AAMOA, ADICHT) auf der rechten Seite auftreten, handelt es sich dabei um ihre prognostizierten Werte aus der ersten Stufe.[1]

Im Mittelpunkt der folgenden Diskussion stehen zunächst die Einflüsse der gemeinsam endogenen Variablen aufeinander. Die Koeffizienten des vollständigen Modells (jeweils Spalte 1 in den Tabellen 4.8–4.10) deuten darauf hin, daß 2 der 5 Zusammenhänge innerhalb der Gruppe der endogenen Variablen AAMOA, RAUTM und ADICHT (vgl. Abb. 4.1) fehlspezifiziert sind, da die betreffenden Koeffizienten das falsche Vorzeichen besitzen. Weder der negative Einfluß der Arztdichte auf die Inanspruchnahme noch der positive Effekt der Inanspruchnahme auf die Arbeitsunfähigkeit sind mit der oben diskutierten Theorie vereinbar. Die geschätzten Elastizitäten ($-0,03$ bzw. $+0,13$) sind allerdings recht klein und weitaus geringer als ihre Standardfehler.

Die restlichen 3 Koeffizienten sind größer als ihre Standardfehler und haben das erwartete Vorzeichen: Der positive Einfluß der Arbeitsunfähigkeit (Morbidität) auf die Inanspruchnahme ist ebenso plausibel wie der der Inanspruchnahme auf die Arztdichte und der der Arztdichte auf die Krankschreibungen.

---

1 Das von SAS berechnete Bestimmtheitsmaß R^2 („Anteil der erklärten Varianz an der Gesamtvarianz der abhängigen Variablen") geben wir in diesen Tabellen nicht an. Seine Interpretation als Maß für die Güte der Anpassung ist im 2SLS-Verfahren fragwürdig, da die Erklärung nicht allein mittels tatsächlich beobachteter, sondern auch mittels prognostizierter Werte der unabhängigen Variablen erfolgt.

Tabelle 4.8. Strukturelle Parameter der Inanspruchnahmegleichung (4.4) im Simultanmodell

Version	1	2	3
	Abhängige Variable: AAMOA		
Unabhängige Variable	Schätzkoeffizienten (Standardfehler)		
Const.	-1,759	-0,640	0,268
	(9,052)	(4,877)	(1,662)
RAUTM Arbeitsunfähigkeit	0,415 (0,292)	0,385 (0,205)	0,203 ** (0,073)
ADICHT Arztdichte	-0,030 (0,202)	–	–
FAANTP Facharztanteil	0,077 (0,180)	0,056 (0,102)	–
DBD Dicht besiedelt	0,077 ** (0,026)	0,077 ** (0,024)	0,085 ** (0,020)
GLT Grundlohnsumme	-0,167 (0,573)	-0,224 (0,410)	–
DURALT Durchschnittsalter	0,635 (0,670)	0,620 (0,631)	0,993 (0,512)
VARALT Altersvarianz	0,337 (0,979)	0,218 (0,551)	–
FRAUANTP Frauenanteil	0,081 (0,157)	0,070 (0,132)	–

Erläuterungen: Beschreibung der Variablen in Tabelle 4.2 (alle Variablen in logarithmischer Transformation).
*   Signifikant auf dem 95%-Niveau.
** Signifikant auf dem 99%-Niveau.

Spalten 2 und 3 der Tabellen 4.8–4.10 enthalten die Ergebnisse der Schätzung zweier weiterer Spezifikationen des simultanen Modells. Zunächst wurden in Version 2 die offensichtlichen Spezifikationsfehler der Version 1 beseitigt, nämlich die Variable ADICHT aus der Inanspruchnahmegleichung und AAMOA aus der Arbeitsunfähigkeitsgleichung eliminiert. Schließlich wurden in Version 3 alle exogenen Variablen entfernt, deren t-Werte betragsmäßig kleiner waren als 1.[1] Das Weglassen dieser „irrelevanten" Variablen dient dem Zweck, die Standardfehler der Koeffizienten zu reduzieren und damit zu genaueren Schätzungen der wahren Parameter des Modells zu gelangen.

---

1 Der t-Wert ist definiert als der Quotient aus Koeffizient und Standardfehler.

Tabelle 4.9.   Strukturelle Parameter der Arztdichtegleichung (4.5) im Simultanmodell

Version	1	2	3
	Abhängige Variable: ADICHT		
Unabhängige	Schätzkoeffizienten		
Variable	(Standardfehler)		
Const.	-2,527	-2,527	-2,323 *
	(1,927)	(1,927)	(0,913)
AAMOA	0,590	0,590	0,546 **
Arztausgaben	(0,386)	(0,386)	(0,188)
BDICHTE	0,148 *	0,148 *	0,150 **
Bettendichte	(0,056)	(0,056)	(0,051)
GEWUEB	0,062 **	0,062 **	0,061 **
Übernachtungen	(0,017)	(0,017)	(0,015)
BIPKOPFT	0,276 **	0,276 **	0,286 **
Wirtschaftskraft	(0,092)	(0,092)	(0,088)
DBD	-0,001	-0,001	–
Dicht besiedelt	(0,057)	(0,057)	
DMED40	0,002	0,002	–
Hochschulnähe	(0,028)	(0,028)	

Erläuterungen: Vgl. Tabelle 4.8 (alle Variablen in logarithmischer Transformation).

Tabelle 4.10. Stukturelle Parameter der Arbeitsunfähigkeitsgleichung (4.6) im Simultanmodell

Version	1	2	3
	Abhängige Variable: RAUTM		
Unabhängige Variable	Schätzkoeffizienten (Standardfehler)		
Const.	20,991 *	21,723 *	21,622 **
	(8,632)	(7,966)	(4,877)
AAMOA Arztausgaben	0,134 (0,541)	–	–
ADICHT Arztdichte	0,266 (0,256)	0,267 (0,251)	0,164 (0,140)
FAANTP Facharztanteil	-0,148 (0,266)	-0,128 (0,249)	–
ENERGFL Energieverbrauch	0,043 (0,048)	0,051 (0,035)	0,061 (0,033)
GLT Grundlohnsumme	-0,861 (0,760)	-0,919 (0,710)	-0,778 (0,601)
DURALT Durchschnittsalter	0,352 (1,096)	0,467 (0,976)	–
VARALT Altersvarianz	-2,228 * (0,823)	-2,285 ** (0,777)	-2,083 ** (0,608)
FRAUANTP Frauenanteil	-0,325 (0,167)	-0,331 (0,163)	-0,308 (0,152)
ANTFREIP Freiw. Versicherte	-0,081 (0,076)	-0,082 (0,075)	-0,096 (0,068)

Erläuterungen: Vgl. Tabelle 4.8 (alle Variablen in logarithmischer Transformation).

Wir erkennen an den Ergebnissen dieser dritten Version des Schätzmodells, daß die Inanspruchnahme hochsignifikant positiv auf die Morbidität, gemessen durch Arbeitsunfähigkeitstage, reagiert. Die Inanspruchnahme ihrerseits übt einen hochsignifikant positiven Einfluß auf die Arztdichte aus. Der Koeffizient von ADICHT in der Arbeitsunfähigkeits-Gleichung ist, wie von der Theorie vorhergesagt, in allen drei Versionen positiv, jedoch nicht signifikant von Null verschieden.

Die Nullhypothese, daß die Krankschreibungen nicht auf die Arztdichte reagieren, ist demnach nicht zu widerlegen. Akzeptierte man sie, so bliebe von den in Abb. 4.1 dargestellten Einflüssen zwischen den endogenen Variablen nur noch die Wirkungskette

RAUTM → AAMOA → ADICHT

erhalten, das 3-Gleichungs-Modell (4.4)–(4.6) hätte damit eine rekursive Struktur.
In einem solchen Fall ist die gewöhnliche Methode der kleinsten Quadrate (OLS) unverzerrt und wegen ihrer Robustheit gegen Spezifikationsfehler den simultanen Schätzmethoden überlegen (vgl. Maddala 1977, S. 231, S. 250; Krämer 1980). Wir führten daher alternativ OLS-Schätzungen der einzelnen Gleichungen durch, die in Abschn. 4.2.1.2–4.2.1.4 beschrieben werden. Die Interpretation der Schätzergebnisse insgesamt wird sich sowohl auf die OLS- als auch auf die 2SLS-Schätzungen stützen.

4.2.1.2 Einzelschätzung der Arztausgabengleichung

In diesem Abschnitt werden die Ergebnisse der OLS-Schätzung der Arztausgabengleichung (4.4) vorgestellt. Wir diskutieren im folgenden die Ergebnisse aus 3 verschiedenen Spezifikationen (Tabelle 4.11): Spalte 1 bezieht sich auf das volle Modell, Spalte 2 dagegen auf die Version mit dem höchsten Wert des korrigierten Bestimmtheitsmaßes. Dies erreicht einen Wert von über 0,75, so daß man von einem guten Erklärungsgehalt der Gleichung sprechen kann. Auf die Spezifikation in Spalte 3 wird später eingegangen.
Obwohl die Simultanschätzung keinen signifikanten Einfluß der (geschätzten) Arztdichte auf die Ausgaben für Ärzte ergeben hat, wurde die Variable ADICHT in den Spezifikationen belassen, um die Hypothese der angebotsinduzierten Nachfrage auch unter der Annahme überprüfen zu können, daß das Angebot selbst nicht auf die antizipierte Nachfrage reagiert hat. Die geschätzte Elastizität der Inanspruchnahme AAMOA bezüglich der Arztdichte ADICHT ist dabei gering (+0,13 bis +0,15) und durchweg insignifikant. In dem Ausmaß, in dem umgekehrt die Arztdichte auf die Inanspruchnahme reagiert hat (vgl. 4.2.1.3), ist diese Schätzung sogar noch nach oben verzerrt ("simultaneity bias"). Die andere Arztangebotsvariable, der Facharztanteil, spielt in dieser Schätzung überhaupt keine Rolle: Ihr Koeffizient ist insignifikant und hat überdies das falsche Vorzeichen. Man kann somit für unseren Datensatz eine Beeinflussung der Nachfrage durch die Verfügbarkeit von Ärzten mit großer Sicherheit ablehnen.

Tabelle 4.11. OLS-Schätzungen der Inanspruchnahmegleichung

Version	1	2	3
	Abhängige Variable: AAMOA		
Unabhängige	**Schätzkoeffizienten**		
Variable	**(Standardfehler)**		
Const.	6,497	5,585	3,831
	(4,346)	(3,567)	(5,150)
RAUTM	0,144	0,153	0,164
Arbeitsunfähigkeit	(0,106)	(0,092)	(0,128)
ADICHT	0,155	0,133	0,148
Arztdichte	(0,095)	(0,066)	(0,114)
FAANTP	−0,038	−	0,115
Facharztanteil	(0,121)		(0,136)
DBD	0,080 **	0,078 **	−
Dicht besiedelt	(0,022)	(0,020)	
GLT	−0,571	−0,490	−0,345
Grundlohnsumme	(0,381)	(0,305)	(0,451)
DURALT	0,687	0,676	0,986
Durchschnittsalter	(0,545)	(0,510)	(0,648)
VARALT	−0,583	−0,498	−0,567
Altersvarianz	(0,422)	(0,345)	(0,507)
FRAUANTP	−0,025	−	0,005
Frauenanteil	(0,100)		(0,120)
$\bar{R}^2$	0,7380	0,7545	0,6215

Erläuterungen: Beschreibung der Variablen in Tabelle 4.2 (alle Variablen in logarithmischer Transformation).
* Signifikant auf dem 95%-Niveau.
** Signifikant auf dem 99%-Niveau.
R^2 Korrigiertes Bestimmtheitsmaß.

Die Dummyvariable für den Urbanitätsgrad, DBD, ist dagegen als einzige erklärende Variable in allen Versionen der Gleichung bei beiden Schätzmethoden (2SLS und OLS) hochsignifikant und ihr Koeffizient stabil. In städtischen Kreisen wurde demnach pro Versicherten im Jahre 1979 ca. 8% mehr für Ärzte ausgegeben als in ländlichen. Zu beachten ist hierbei, daß das Stadt-Land-Gefälle ceteris paribus gilt, d. h. insbesondere bei gleicher Arztdichte. Die höhere Inanspruchnahme in der Stadt kann also nicht auf das dort größere Arztangebot zuückgeführt werden, wie es Rohrbacher et al. (1981, S. 112) tun. Dies ergibt sich auch aus der Tatsache, daß die Korrelation zwischen den Variablen ADICHT und DBD zwar signifikant positiv, aber mit r = 0,39 quantitativ nicht allzu streng ist (vgl. Tabelle 4.12). Um dennoch etwaige Zweifel an der Richtigkeit unserer Interpretation auszuschließen, schätzten wir die Gleichung alternativ unter Ausschluß der Variablen DBD (Spalte 3 in Tabelle 4.11). Spiegelte das geschätzte Stadt-Land-Gefälle in Wirklichkeit den Effekt unterschiedlichen Arztangebots wider, so müßte sich das in dieser Spezifikation durch einen wesentlich vergrößerten Koeffizienten von ADICHT zeigen.

Tabelle 4.12.　Einfache Korrelationskoeffizienten der Variablen in der Inanspruchnahmegleichung

ADICHT	FAANTP	RAUTM	DURALT	VARALT	GLT	DBD	FRAUANTP	
0,48**	0,62**	0,73**	0,65**	-0,58**	0,49**	0,76**	-0,05	AAMOA
	0,76**	0,23	0,40*	0,04	0,07	0,39*	-0,08	ADICHT
		0,41*	0,44**	-0,23	0,19	0,59**	-0,01	FAANTP
			0,55**	-0,81**	0,73**	0,52**	-0,27	RAUTM
				-0,48**	0,38*	0,50**	0,08	DURALT
					-0,87**	-0,48**	0,06	VARALT
						0,46**	-0,30	GLT
							-0,01	DBD

Dieser bleibt jedoch unverändert; lediglich der Facharztanteil hat nun das erwartete Vorzeichen, bleibt jedoch weiterhin insignifikant. Stattdessen sinkt das korrigierte Bestimmtheitsmaß drastisch, so daß die Nichtberücksichtigung der Bevölkerungsdichte einen erheblichen Verlust an Erklärungsgehalt bedeutet.
Der Einfluß der Arbeitsunfähigkeitsvariablen RAUTM ist schwer zu bewerten, da ihr Koeffizient in den 6 Schätzungen der OLS- und der 2SLS-Version zwischen 0,14 und 0,41 schwankt und nur in einer Spezifikation (hoch)signifikant von Null verschieden ist. Jedoch trägt ihre Einbeziehung in erheblichem Maße zur Vergrößerung des korrigierten Bestimmtheitsmaßes $\overline{R}^2$ bei, so daß wir einen positiven Einfluß der Arbeitunfähigkeit auf die Inanspruchnahme ärztlicher Leistungen zumindest für wahrscheinlich halten.
Insoweit als RAUTM die Morbidität der Bevölkerung mißt, ist die Interpretation dieses Effekts als Ausdruck medizinischen Bedarfs offensichtlich. Zu beachten

ist jedoch, daß RAUTM genaugenommen „Krankschreibungen" bedeutet. Ein Teil des gefundenen Einflusses kann daher einfach daraus resultieren, daß man einen Arztbesuch (und damit Inanspruchnahme) benötigt, um sich krankschreiben zu lassen, wenn man sich nicht arbeitsfähig fühlt.

Besonders fragwürdig wäre die Deutung der Variablen „Arbeitsunfähigkeitstage" als Indikator für medizinischen Behandlungsbedarf dann, wenn man zeigen könnte, daß ihre Variation vorwiegend verhaltensdeterminiert ist. Dies träfe v. a. dann zu, wenn die Größe RAUTM ihrerseits signifikant positiv auf eine Zunahme der Arztdichte reagierte. Unsere Ergebnisse in Abschn. 4.2.1.4 werden bezüglich dieses Problems Aufschluß geben.

Während RAUTM und DBD allein 72% der Varianz der Arztausgaben erklären, spielen alle übrigen Variablen nur eine untergeordnete Rolle, und keine von ihnen hat einen signifikanten Einfluß auf AAMOA.

Der Koeffizient des Durchschnittsalters ist zwar groß mit einer geschätzten Elastizität von mehr als $+0,6$, aber mit einem beträchtlichen Standardfehler behaftet, der zum Teil auf Multikollinearität zurückgeht, da DURALT stark positiv mit den meisten übrigen Variablen korreliert ist (vgl. Tabelle 4.12). Im Gegensatz zur 2SLS-Schätzung hat die Altersvarianzvariable VARALT bei OLS ein negatives Vorzeichen. Die Effekte von DURALT und VARALT deuten darauf hin, daß die Arztausgaben ceteris paribus mit dem Alter degressiv wachsen. Ebenfalls sehr ungenau, d. h. mit hohem Standardfehler gemessen ist der Koeffizient der Einkommensvariablen GLT. Das negative Vorzeichen ist kompatibel mit der Interpretation der Grundlohnsumme als Proxyvariable für den Bildungsstand.

Vollkommen irrelevant ist der Frauenanteil, so daß er in der Version mit dem höchsten korrigierten Bestimmtheitsmaß nicht mehr auftritt. Die häufig geäußerte Behauptung, Frauen nähmen mehr ambulante Arztleistungen in Anspruch als Männer (vgl. etwa Blohmke 1976, S. 4282), läßt sich aus unseren Daten nicht bestätigen. Eine möglich Begründung hierfür ist, daß wir nur Stammversicherte, d. h. überwiegend Erwerbstätige erfassen. Besteht ein systematischer (negativer) Zusammenhang zwischen *Erwerbstätigkeit* und Inanspruchnahme ärztlicher Leistungen, so sind beide Aussagen miteinander vereinbar, weil Frauen dann in ihrer Gesamtheit durchaus höhere Inanspruchnahmewerte aufweisen können als Männer, da sie zu einem geringeren Prozentsatz erwerbstätig sind.

Dies schließt die Diskussion der multivariaten Analyse der Bestimmungsgründe für die Arztausgaben ab. Anschließend ist zu prüfen, ob im Einklang mit der Zieleinkommenshypothese für Ärzte eine proportionale Beziehung zwischen modifizierter Arztdichte gemäß Gl. (4.11) und Pro-Kopf-Arztausgaben vorliegt. Die beiden Testgleichungen (4.12) und (4.13) werden dazu zunächst für den gesamten Datensatz und anschließend für verschiedene Teilstichproben „geringer" und „großer" Arztdichte mit Hilfe der Einfachregression geschätzt. Die Ergebnisse sind in Tabelle 4.13 zusammengefaßt.

Zeile 1 von Tabelle 4.13 weist aus, daß die Testhypothese der Proportionalität zwischen Arztdichte und Inanspruchnahme für den Datensatz insgesamt nach beiden Kriterien ohne Einschränkung abgelehnt werden muß: Der Ordinatenabschnitt der Regressionsgeraden für die Variablen selbst ist hochsignifikant von Null verschieden, und ebenso hochsignifikant weicht die geschätzte Elastizität

Tabelle 4.13. Regressionsergebnisse für den (einfachen) Zusammenhang zwischen Arztdichte und Arztausgaben

Funktionsform		Linear, Gl. (4.12)		Logarithmisch, Gl. (4.13)	
		Schätzkoeffizient (Standardfehler)		Schätzkoeffizient (Standardfehler)	
Unabhängige Variable		Const.	ADICHTM	Const.	ln ADICHTM
Testbereich	n				
1 insgesamt	36	165,1 ** (17,0)	4,55 ** (1,31)	4,71 ** (0,20)	0,275 ** (0,079)
		(Durbin-Watson = 1,93)			
2 ADICHTM>13	12	164,9 ** (48,1)	4,52 (3,09)	4,64 ** (0,55)	0,299 (0,203)
3 ADICHTM<13	24	146,6 ** (43,5)	6,19 (3,77)	4,57 ** (0,48)	0,331 (0,196)
4 ADICHTM>12	20	166,0 ** (28,9)	4,44 * (2,00)	4,69 ** (0,34)	0,281 * (0,128)
5 ADICHTM<12	16	65,0 (77,2)	13,76 (7,03)	3,80 ** (0,84)	0,656 (0,352)

Erläuterungen: Vgl. Tabelle 4.8.

der Inanspruchnahme bezüglich der modifizierten Arztdichte ($\eta = 0{,}275$) vom Testwert 1 ab. Darüber hinaus liefert die Durbin-Watson-Kennzahl von 1,93 keinen Hinweis auf Nichtlinearität des Zusammenhangs, die geschätzte Regressiongerade kann also für den gesamten Beobachtungsbereich als gültig angenommen werden.

Spaltet man dennoch die Stichprobe in die Bereiche „hoher" und „niedriger" Arztdichte auf, so wird dieses Ergebnis annähernd exakt bestätigt, sofern man entweder nur Regionen relativ hoher Arztdichte betrachtet (Zeilen 2 und 4) oder nur solche mit niedriger Arztdichte einbezieht, aber die Grenze relativ weit oben ansetzt (Zeile 3).

Nur wenn man sich auf die Regionen mit den niedrigsten Werten der Arztdichte beschränkt (Zeile 5) können die Testkriterien für die Proportionalität – $a^0 = 0$ in Gl. (4.12) bzw. $b^1 = 1$ in Gl. (4.13) – nicht mehr abgelehnt werden. Zu beachten sind jedoch hier die gegenüber der Stichprobe insgesamt sprunghaft angestiegenen Standardfehler. Wegen der immer stärker eingeengten Variationsbreite der unabhängigen Variablen ADICHTM sind diese Schätzungen wesentlich ungenauer als die in den Zeilen 1–4 aufgeführten.

Abbildung 4.2 stellt die beobachtete Punktwolke und die geschätzten Regressionsgeraden gemäß der Zeilen 1, 2 und 5 graphisch dar. Es ist erkennbar, daß der Einfluß der modifizierten Arztdichte auf die Inanspruchnahme – bei gleichzeitiger Variation anderer Größen – mit zunehmender Arztdichte *schwächer* wird. Eine Proportionalität zwischen beiden Größen bei großer Arztdichte, die als Ausdruck künstlicher Nachfrageschaffung durch Ärzte interpretiert werden könnte, kann somit gemäß unseren Überlegungen in Abschn. 2.4.2.2 nicht festgestellt werden. Dadurch werden die Voraussagen des Nutzenmaximierungsmodells mit strikter Zieleinkommensorientierung der Ärzte in diesem Datensatz widerlegt. Falls das beobachtete Inanspruchnahmegefälle überhaupt auf bewußtes Entscheidungskalkül der Ärzte (und nicht überwiegend auf Patientenverhalten) zurückgeht, so müssen die Ärzte zumindest bereit gewesen sein, bei hoher Arztdichte zugunsten von mehr Freizeit und „besserem Gewissen" auf ein höhe-

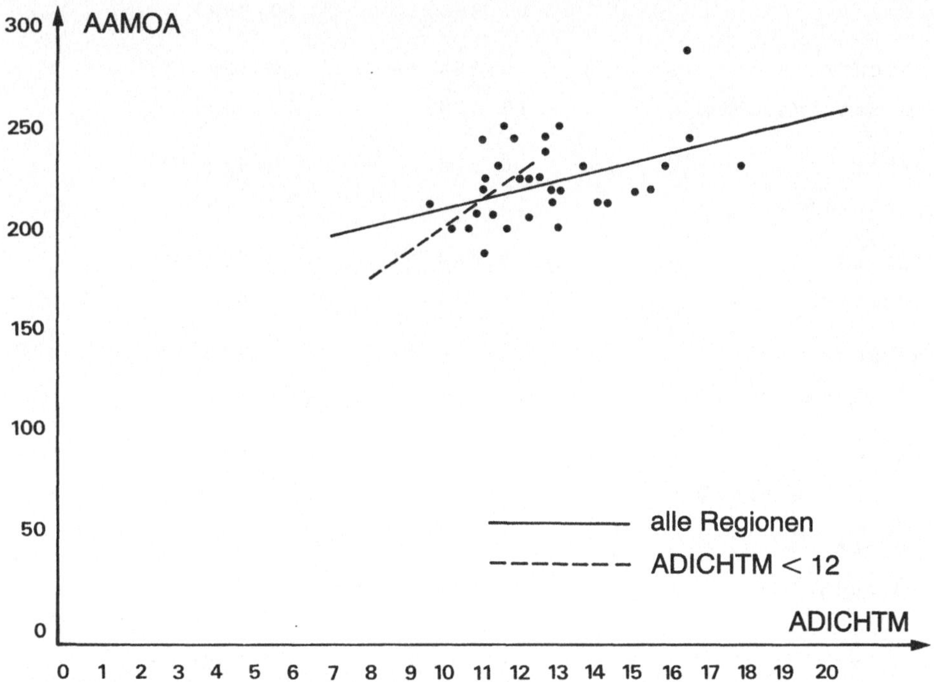

Abb. 4.2. Regressionsgeraden für die Beziehung zwischen modifizierter Arztdichte und Inanspruchnahme aus Tabelle 4.13

res Einkommen zu verzichten, d. h. einen „tradeoff" zwischen Einkommen und den anderen Zielgrößen vorzunehmen.

Dagegen ist die Interpretation des positiven Zusammenhangs zwischen modifizierter Arztdichte und Inanspruchnahme im Bereich sehr geringer Arztdichte als Rationierungseffekt nach diesen Ergebnissen möglich.

4.2.1.3 Einzelschätzung der Arztdichtegleichung

Hinsichtlich Gl. (4.5) zur Erklärung der Arztdichte stimmen die OLS-Schätzergebnisse (Tabelle 4.14) sehr genau mit denen der 2SLS-Schätzung derselben

Tabelle 4.14. OLS-Schätzungen der Arztdichtegleichung

Version	1	2
	Abhängige Variable: ADICHT	
Unabhängige	Schätzkoeffizienten	
Variable	(Standardfehler)	
Const.	−1,946	−2,280 **
	(1,303)	(0,804)
BDICHTE	0,154 **	0,151 **
KH-Bettendichte	(0,054)	(0,051)
AAMOA	0,472	0,537 **
Arztausgaben	(0,258)	(0,164)
GEWUEB	0,060 **	0,061 **
Übernachtungen	(0,016)	(0,015)
BIPKOPFT	0,286 **	0,288 **
Wirtschaftskraft	(0,089)	(0,086)
DBD	0,014	−
Dicht besiedelt	(0,044)	
DMED40	0,003	−
Hochschulnähe	(0,028)	
$\bar{R}^2$	0,7189	0,7360

Erläuterungen: Vgl. Tabelle 4.11 (alle Variablen in logarithmischer Transformation).

Gleichung im simultanen Modell (Tabelle 4.9) überein. 3 der 6 erklärenden Variablen sind in allen 5 Spezifikationen zumindest auf dem 95%-Niveau signifikant: Größere Wirtschaftskraft der Region, mehr Krankenhausbetten je Einwohner und größere Anziehungskraft im Fremdenverkehr sind sämtlich mit steigender Arztdichte verbunden.

Der positive Einfluß der letztgenannten Variablen bestätigt das von Fuchs (1978) für die USA gefundene entsprechende Ergebnis, und sein Ausmaß ist nicht so gering, wie die Elastizität um 0,06 suggeriert: Immerhin hat die Variable GEWUEB eine beträchtliche Spannweite von etwa 1:45. Ceteris paribus ist daher die geschätzte Arztdichte in der Region mit den meisten (gewogenen) Fremdenübernachtungen um gut 25% höher als in der mit den wenigsten.

Von den beiden alternativen Bettendichtevariablen BDICHT und BDICHTE schnitt die letztere, auf die Wohnbevölkerung bezogene, weitaus besser ab; die geschätzte Elastizität der Arztdichte bezüglich dieser Variable liegt stabil bei 0,15.

Einen verschwindend geringen und insignifikanten Einfluß haben die beiden Dummyvariablen für die Nähe einer medizinischen Hochschule und den Urbanitätsgrad. Die letztere ist jedoch relevant wegen ihrer starken Korrelation mit der Inanspruchnahmevariablen AAMOA (Tabelle 4.15): Eliminiert man sie aus der Gleichung, so wird der Koeffizient von AAMOA nach oben verzerrt, und sein Standardfehler nimmt stark ab, so daß AAMOA nun hochgradig signifikant wird.

Tabelle 4.15. Einfache Korrelationskoeffizienten der Variablen in der Arztdichtegleichung

BDICHTE	AAMOA	GEWUEB	BIPKOPFT	DMED40	DBD	
0,65**	0,48**	0,39*	0,54**	0,15	0,39*	ADICHT
	0,18	0,39*	0,16	0,14	0,08	BDICHTE
		-0,19	0,44**	0,16	0,76**	AAMOA
			-0,12	-0,07	-0,13	GEWUEB
				0,20	0,32	BIPKOPFT
					0,11	DMED40

Diese Kollinearität zwischen DBD und AAMOA erschwert die Beurteilung, ob Ärzte sich wegen des kulturellen Angebots oder wegen der Nachfrageintensität verstärkt in städtischen Gebieten niederlassen. Die Größe der geschätzten Elastizität von ADICHT bezüglich AAMOA selbst in den Spezifikationen, in denen DBD eingeschlossen ist (0,47 und mehr) spricht dafür, daß die Inanspruchnahmevariable als Determinante der Arztdichte nicht vernachlässigt werden darf. Um den gefundenen Einfluß der Inanspruchnahme auf die Arztdichte tatsächlich als Kausalbeziehung inerpretieren zu können, muß man jedoch vorher in zweierlei Hinsicht Zweifel ausräumen. Der erste mögliche Einwand bezieht sich auf eine fehlerhafte Messung der Nachfragevariablen, der zweite auf die korrekte zeitliche Abfolge von Ursache und Wirkung.

1. Wie in Abschn. 4.1.2 erläutert wurde, mißt AAMOA nur die Pro-Kopf-Arztausgaben der AOK-Mitglieder und nicht die aller Einwohner der betreffenden Kreise. Inwieweit ist nun das Inanspruchnahmeverhalten der AOK-Mitglieder auf die Wohnbevölkerung übertragbar, und inwieweit ist es AOK-spezifisch?

   Hierzu mag die Überlegung helfen, daß – bei Zugrundelegung der logarithmischen Funktionsform – immerhin 63,5% der Varianz der Variablen AAMOA allein durch die Variablen DBD und FAANTP erklärt werden kann, die für alle Einwohner einer Region gleichzeitig gültig sind. Weitere 11% können durch Einbeziehung von RAUTM erklärt werden – eine Variable, deren Varianz ihrerseits zu 63% durch die Umweltvariable ENERGFL erfaßt werden kann (vgl. 4.1.2.3). Folglich können rund 71% der beobachteten Varianz in der Inanspruchnahme seitens der AOK-Mitglieder durch Einflüsse erklärt werden, die nicht AOK-spezifisch sind.

   Die AOK-spezifischen Variablen GLT, DURALT, VARALT und FRAU-ANTP zusammen erklären ca. 54% der Varianz von AAMOA. Hinzu kommt noch die Variable RAUTM, soweit sie auf Variationen in diesen Variablen zurückgeführt werden kann, nämlich 77% von zusätzlichen 11%. Insgesamt können die AOK-spezifischen Variablen alleine also nur 62% der Varianz von AAMOA erklären, deutlich weniger als die regionsspezifischen. Darüber hinaus ist die Zuordnung der Einkommensvariablen GLT zur Gruppe der AOK-spezifischen nicht eindeutig. So dürften die Grundlohnniveaus der Mitglieder verschiedener Kassen jeweils eines Kreises miteinander stark positiv korreliert sein.

   Aus dem Gesagten folgt, daß zwischen der in der Variablen AAMOA gemessenen Inanspruchnahme seitens der AOK-Stammversicherten und der für die Niederlassungsentscheidung von Ärzten relevanten Inanspruchnahme seitens der *gesamten* Wohnbevölkerung eine erhebliche positive Korrelation bestehen wird. Für die hier präsentierten Schätzergebnisse bedeutet dies, daß der Koeffizient der Inanspruchnahmevariablen in der Arztdichtegleichung vermutlich leicht nach unten verzerrt ist. Es ändert nichts an der generellen Schlußfolgerung, daß die Niederlassung von Ärzten signifikant auf den Bedarf, gemessen an den Pro-Kopf-Ausgaben für ärztliche Leistungen reagiert.

2. Die in dieser Beziehung „verursachende" Variable AAMOA reflektiert das Inanspruchnahmeverhalten der Patienten des Jahres 1979, die „beeinflußte" Variable ADICHT geht auf Niederlassungsentscheidungen von Ärzten über einen Zeitraum von gut 30 Jahren zurück. Da nur sehr selten bereits niedergelassene Ärzte den Ort wechseln, kann sich die Arztdichte praktisch nur durch die Erstniederlassung junger Ärzte und das Ausscheiden älterer Ärzte aus dem Berufsleben verändern. Sie ist somit eine äußerst langsam reagierende Variable.

   Der behauptete und von der Regression gestützte Ursache-Wirkungs-Zusammenhang ist daher nur dann in der zeitlichen Abfolge plausibel, wenn gezeigt werden kann, daß das 1979 manifestierte regionale Gefälle im Inanspruchnahmeverhalten bereits Jahre vorher korrekt antizipiert werden konnte. Da eine solche Prognose auf den damals beobachteten Nachfragestrukturen beruht haben muß, hängt ihre Korrektheit wesentlich davon ab, wie weit das 1979 und das früher vorliegende regionale Nachfragegefälle miteinander übereinstimmen.

Gefragt ist also nach der zeitlichen Konstanz der Unterschiede im Inanspruchnahmeverhalten zwischen den einzelnen Ortskrankenkassen. Hierzu vergleichen wir die Pro-Kopf-Arztausgaben der 46 AOKs von Baden-Württemberg 1979 (d. h. die Reihe AAMOA) mit den entsprechenden Reihen früherer Jahre. Ein solcher Vergleich ist allerdings nur für den Zeitraum 1976–1979 möglich, da die AOK-Statistik erst seit 1976 die Arztausgaben der Mitglieder von denen der Familienangehörigen getrennt ausweist. Wir beschränken uns auf einen Vergleich der Daten von 1979 mit denen des unmittelbar vorangegangenen Jahres 1978 und des am weitesten zurückliegenden Jahres 1976.

Die Berechnung der partiellen Korrelationskoeffizienten zwischen den Reihen von 1979 und 1978 ergibt einen Wert von r = 0,91 und somit einen sehr hohen Grad an Übereinstimmung. Der Vergleich von 1979 mit 1976 fällt etwas ungünstiger aus mit r = 0,58. Allerdings beträgt die *Rangkorrelation* zwischen diesen beiden Reihen r = 0,73. Man kann somit schließen, daß zumindest die Rangordnung der Kassen hinsichtlich der Pro-Kopf-Ausgaben für Ärzte von 1976 bis 1979 annähernd stabil geblieben ist, auch wenn sich die Abstände etwas stärker verändert haben.

Es wäre übertrieben, von einer Konstanz des regionalen Gefälles der Nachfrageintensität zu sprechen, wenn die Korrelationskoeffizienten nur 3 Jahre auseinanderliegender Reihen so weit vom Idealwert 1 entfernt sind. Immerhin kann jedoch eine gewisse Stabilität dieses Gefälles über die Zeit festgestellt werden, die eine Reaktion der Arztdichte auf die antizipierte Nachfrage als denkbar erscheinen läßt.

4.2.1.4 *Einzelschätzung der Arbeitsunfähigkeitsgleichung*

In Tabelle 4.16 sind die Ergebnisse einer OLS-Schätzung der Gl. (4.6) zusammengefaßt. Ihr Aufbau ist analog zu dem der Tabellen 4.11 und 4.14. Die Schätzungen dieser Gleichung sind sehr ungenau, die Standardfehler groß und daher die meisten Koeffizienten nicht signifikant von Null verschieden. Dies gilt, obwohl die Güte der Anpassung der Gleichung als Ganzes mit Werten des korrigierten Bestimmtheitsmaßes von maximal über 0,79 recht gut ist. Verantwortlich hierfür ist die starke Korrelation der exogenen Variablen untereinander (vgl. Tabelle 4.17). In einer solchen Situation der Multikollinearität ist es schwer, die Einflüsse der einzelnen exogenen Faktoren voneinander zu trennen.

Der geschätzte Effekt der Inanspruchnahme auf die Arbeitsunfähigkeit ist wie in der 2SLS-Version positiv, aber nicht signifikant von Null verschieden. Soweit die Variable RAUTM tatsächlich die Morbidität der Bevölkerung mißt, kann daher nicht festgestellt werden, daß diese durch vermehrte ärztliche Behandlung zurückgeht. Der positive Koeffizient von AAMOA in dieser Schätzung ist jedoch vermutlich das Ergebnis einer Fehlspezifikation, nämlich einer Umkehrung der Ursache-Wirkungs-Beziehung.

Tabelle 4.16. OLS-Schätzungen der Arbeitsunfähigkeitsgleichung

Version	1	2
	Abhängige Variable: RAUTM	
Unabhängige Variable	Schätzkoeffizienten (Standardfehler)	
Const.	14,095 (6,951)	16,158 ** (5,395)
AAMOA Arztausgaben	0,161 (0,280)	−
ADICHT Arztdichte	−0,050 (0,167)	−
FAANTP Facharztanteil	0,103 (0,193)	−
ENERGFL Energieverbrauch	0,058 (0,035)	0,074 ** (0,026)
GLT Grundlohnsumme	−0,433 (0,656)	−0,609 (0,572)
DURALT Durchschnittsalter	0,774 (0,922)	0,903 (0,829)
VARALT Altersvarianz	−1,520 * (0,658)	−1,675 ** (0,498)
FRAUANTP Frauenanteil	−0,309 (0,156)	−0,317 * (0,149)
ANTFREIP Freiw. Versicherte	−0,114 (0,069)	−0,110 (0,064)
$\bar{R}^2$	0,7777	0,7948

Erläuterungen: Vgl. Tabelle 4.11 (alle Variablen in logarithmischer Transformation).

Tabelle 4.17. Einfache Korrelationskoeffizienten der Variablen in der Arbeitsunfähigkeitsgleichung

	ADICHT	FAANTP	ENERGFL	GLT	DURALT	VARALT	FRAU-ANTP	ANTFREIP
RAUTM	0,23	0,41*	0,65**	0,73**	0,55**	-0,81**	-0,27	-0,29
ADICHT		0,76**	0,56**	0,07	0,40*	0,04	-0,08	-0,08
FAANTP			0,49**	0,19	0,44**	-0,23	-0,01	-0,04
ENERGFL				0,56**	0,45**	-0,51**	-0,20	-0,15
GLT					0,38*	-0,87**	-0,30	-0,09
DURALT						-0,48**	0,08	-0,07
VARALT							0,06	0,22
FRAUANTP								0,11

Die Arztangebotsvariablen ADICHT und FAANTP haben ebenfalls keinen nennenswerten Einfluß auf die attestierte Arbeitsunfähigkeit. Die 3 genannten Variablen fehlen in der Version mit dem höchsten korrigierten Bestimmtheitsmaß. Dies gilt auch für die Einkommensvariable GLT.

Der Koeffizient der Umweltvariablen ENERGFL ist, wie erwartet, positiv. Die geschätzte Elastizität von 0,05–0,07 wirkt gering, der Effekt kann aber ein beträchtliches Ausmaß annehmen, wenn man die große Bandbreite der Werte von ENERGFL berücksichtigt. Immerhin genügt schon eine Verdopplung des Verbrauchs fossiler Energieträger, um ceteris paribus den Krankenstand um ungefähr 6% zu heben, und der Übergang vom niedrigsten zum höchsten hier beobachteten Wert des Energieverbrauchs erklärt allein eine Zunahme der Arbeitsunfähigkeitstage um 24%.

Das erwartete negative Vorzeichen hat der Koeffizient des Anteils freiwillig Versicherter, ANTFREIP. Dieses Ergebnis ist weniger um seiner selbst willen interessant als vielmehr deshalb, weil es zeigt, daß die Zusammensetzung der Mitglieder in Pflicht- und freiwillige Mitglieder konstant gehalten werden muß, wenn man die Ursachen der Variationen der Arbeitsunfähigkeit ergründen will. Groß, wenn auch sehr ungenau gemessen, ist die Elastizität der Variablen RAUTM bezüglich der Altersstrukturvariablen. Der positive Einfluß des Durchschnittsalters und der signifikant negative Einfluß der Varianz deuten auf eine degressive Zunahme der Arbeitsunfähigkeit bei steigendem Alter hin. Schließlich scheinen Frauen seltener bzw. kürzer arbeitsunfähig zu sein als Männer, wobei jedoch auch hier der Effekt nicht in allen Spezifikationen signifikant ist. Die hier abgeleiteten Erklärungen für die Unterschiede in den Arbeitsunfähigkeitstagen zwischen den Regionen sind aufschlußreich für die in Abschn. 4.2.1.2 aufgeworfene Frage, ob RAUTM tatsächlich Morbidität und damit medizinischen Behandlungsbedarf mißt oder vorwiegend das *Verhalten* (des Patienten bzw. seines Arztes) gegenüber Krankschreibungen widerspiegelt.

Läßt man die offensichtlich nicht in Gl. (4.6) gehörende Variable AAMOA außer acht, so sind von den restlichen 8 Determinanten des Krankenstands 3 (nämlich der für die Umweltqualität stehende Energieverbrauch und die beiden Altersstrukturvariablen) eindeutig als Indikatoren medizinischen Bedarfs zu interpretieren. 4 Größen (Arztdichte, Facharztanteil, Einkommensniveau und Versichertenstruktur) spiegeln überwiegend Unterschiede im Verhalten gegenüber Krankschreibungen wider, während die 8. Variable (Frauenanteil) keiner der beiden Gruppen eindeutig zugeordnet werden kann, da Frauen sowohl bezüglich ihres medizinischen Bedarfs als auch ihres Verhaltens von Männern verschieden sein können.

Betrachtet man nun die Version der Schätzung mit der besten Güte der Anpassung (dem höchsten $\overline{R}^2$), so enthält diese, wie Spalte 2 in Tabelle 4.16 zeigt, alle 3 „echten" Morbiditätsdeterminanten ENERGFL, DURALT und VARALT, aber nur 2 der 4 Verhaltensgrößen, ANTFREIP und GLT sowie die ambivalente Größe FRAUANTP. Somit überwiegen bei der Untersuchung der Unterschiede in den Arbeitsunfähigkeitstagen diejenigen Erklärungsfaktoren, die eine Interpretation von RAUTM als Morbiditätsmaß unterstützen. Daher kann auch der oben diskutierte Einfluß von RAUTM auf die Arztausgaben als Ausdruck medizinischen Bedarfs gedeutet werden.

4.2.2 Erklärung der Arzneimittelausgaben

Die Gl. (4.7) zur Erklärung der Ausgaben für Arzneien, Heil- und Hilfsmittel aus Apotheken (AMMOA) enthält als Bestimmungsfaktoren dieselben Variablen wie die Arztausgabengleichung (4.4). Tabelle 4.18 zeigt die Ergebnisse der Kleinstquadratschätzungen dieser Gleichung, wobei die erste Spalte die Koeffizienten und Standardfehler des vollen Modells angibt, die zweite Spalte die Ergebnisse der Spezifikation, die den höchsten $\overline{R}^2$-Wert erreicht.

Im vollständigen Modell sind jedoch – offenbar wegen Multikollinearität – die Standardfehler der Schätzkoeffizienten so groß, daß kein einziger Effekt signifikant von Null verschieden ist. Wir stützen uns bei der Interpretation daher vornehmlich auf Spalte 2 in Tabelle 4.18.

Signifikant in dieser Spezifikation ist nur das Durchschnittsalter, während die Variablen GLT und RAUTM an der Grenze der Signifikanz auf dem 95%-Niveau liegen. Bemerkenswert groß ist der negative Einfluß der Einkommensvariablen GLT mit einer geschätzten Elastizität von rund −1 im vollen Modell. Aufgrund der theoretischen Überlegungen zu diesem Punkt (vgl. 2.3) ist daraus zu schließen, daß GLT vermutlich als Proxyvariable für das Bildungsniveau fungiert und daß höhere Schulbildung mit geringerem Medikamentenkonsum verbunden ist.

Erwartungsgemäß haben sowohl die Morbidität, gemessen durch die Arbeitsunfähigkeitstage, als auch das Durchschnittsalter als Gradmesser für die Schwere von Erkrankungen (bei gleicher Dauer der Arbeitsunfähigkeit) einen positiven Einfluß auf den Arzneimittelkonsum. Dagegen ist der negative Effekt des Frauenanteils auf die Arzneimittelausgaben nicht intuitiv plausibel, aber auch nicht statistisch gesichert.

Tabelle 4.18. Regressionsgleichungen für Arzneimittelausgaben

Version	1	2
	Abhängige Variable: AMMOA	
Unabhängige	Schätzkoeffizienten	
Variable	(Standardfehler)	
Const.	3,077	−1,764
	(7,913)	(2,702)
RAUTM	0,247	0,282
Arbeitsunfähigkeitstage	(0,220)	(0,140)
GLT	−1,096	−0,711
Grundlohnsumme	(0,693)	(0,378)
ADICHT	0,094	−
Arztdichte	(0,173)	
FAANTP	−0,216	−
Facharztanteil	(0,220)	
DBD	0,047	−
Dicht besiedelt	(0,040)	
DURALT	1,830	2,066 *
Durchschnittsalter	(0,993)	(0,866)
VARALT	−0,347	−
Altersvarianz	(0,768)	
FRAUANTP	−0,199	−0,161
Frauenanteil	(0,182)	(0,149)
$\bar{R}^2$	0,2662	0,3175

Erläuterungen: Vgl. Tabelle 4.11 (alle Variablen in logarithmischer Transformation).

Das positive Vorzeichen des Koeffizienten der Dummyvariablen für die Bevölkerungsdichte bestätigt das analoge Ergebnis für die Arztausgaben (vgl. 4.2.1.2), ist aber ebenfalls nicht signifikant und der Koeffizient selbst nicht allzu groß. Die geschätzten Mehrausgaben pro Kopf in städtischen Gebieten gegenüber ländlichen liegen bei 4,7%.

Die These von der Angebotsinduzierung der Nachfrage würde verlangen, daß die Verschreibung von Arzneimitteln positiv auf die Arztdichte reagiert, falls Arzneimittel zu ambulanter ärztlicher Behandlung komplementär sind. Im Falle einer Substitutionsbeziehung dagegen könnte größere Arztdichte gerade dazu führen, daß Medikationen durch direkte ärztliche Leistungen (z. B. physikalischtherapeutischer Art) ersetzt werden.

Unsere Ergebnisse bestätigen weder die eine noch die andere Version der Nachfragebeeinflussungstheorie, da die Angebotsvariable ADICHT nur einen geringen Koeffizienten aufweist und ebenso wie der Facharztanteil nicht signifikant ist. Die gegenläufigen Vorzeichen der beiden Variablen sind vermutlich auf ihre hohe Korrelation untereinander (r = 0,76, vgl. Tabelle 4.12) zurückzuführen. Akzeptiert man das negative Vorzeichen des Koeffizienten des Facharztanteils, so heißt das, es wird umso weniger oft medikamentös behandelt, je mehr Fachärzte unter den Anbietern ambulanter Leistungen sind.[1]

Insgesamt ist die Güte der Anpassung mit einem Maximum des korrigierten Bestimmtheitsmaßes um 0,32 äußerst unbefriedigend. Mehr als die Hälfte der Varianz der Arzneimittelausgaben bleibt in unserem Modell unerklärt. Um die noch unentdeckten weiteren Bestimmungsgründe besser erforschen zu können, müßten wohl Daten über die Zusammensetzung des Medikamentenverbrauchs, etwa nach Symptomgruppen, analysiert werden. Da solche Daten in der Ortskrankenkassenstatistik nicht erhoben werden (vgl. Greiser 1981, S. 219), fehlt somit augenblicklich die Basis für eine bessere Deutung der beobachteten Unterschiede in der Inanspruchnahme in diesem Bereich.

4.2.3 Erklärung der Krankenhaustage und der Verweildauer

Das Schätzmodell für die Erklärung der unterschiedlichen Anzahl von Krankenhaustagen pro Versicherten basiert auf Gl. (4.8). Tabelle 4.19 präsentiert die Ergebnisse der Kleinstquadratschätzungen dieser Gleichung. Alternative Regressionen für die beiden Bettendichtevariablen BDICHT und BDICHTE ergaben einen höheren Erklärungswert der Modelle mit BDICHT. Auffallend ist auch hier die geringe Güte der Anpassung: Wie bei den Arzneimittelausgaben bleibt über die Hälfte der Varianz der Inanspruchnahme innerhalb unseres Modells unerklärt.

Die einzige Variable, die wesentlich zur Erklärung beiträgt, ist die Krankenhausbettendichte. Ihr Einfluß auf die Krankenhaustage ist hochsignifikant positiv mit einer geschätzten Elastizität um 0,4. Diese Beobachtung bestätigt zwar nicht

---

1 Dieses Ergebnis ist vereinbar mit dem von Greiser u. Friedrich (1977), die in einer Querschnittsanalyse für 60 Ortskrankenkassen Niedersachsens einen positiven Einfluß gerade der Allgemeinarztdichte auf die Arzneimittelkosten (pro Behandlungsfall) ermittelten. Wir betrachten allerdings die Kosten *pro AOK-Mitglied* als zu erklärende Variable.

Tabelle 4.19. Regressionsgleichungen für Krankenhaustage

Version	1	2
	Abhängige Variable: KHTM	
Unabhängige Variable	**Schätzkoeffizienten (Standardfehler)**	
Const.	2,446 (14,043)	4,615 ** (0,159)
BDICHT Bettendichte	0,425 ** (0,144)	0,402 ** (0,095)
RAUTM Arbeitsunfähigkeitstage	0,106 (0,337)	–
GLT Grundlohnsumme	–0,128 (1,202)	–
ADICHT Arztdichte	–0,065 (0,314)	–
FAANTP Facharztanteil	0,275 (0,385)	–
DBD Dicht besiedelt	–0,060 (0,069)	–
DURALT Durchschnittsalter	0,486 (1,720)	–
VARALT Altersvarianz	–0,040 (1,394)	–
FRAUANTP Frauenanteil	–0,192 (0,322)	–
$\bar{R}^2$	0,1898	0,3278

Erläuterungen: Vgl. Tabelle 4.11 (alle Variablen in logarithmischer Transformation).

buchstäblich, aber in der Tendenz die in der angelsächsischen Literatur als „Romer's Law"[1] bekannte Feststellung „A built bed is a filled bed".

Die ökonomische Begründung für diesen Zusammenhang liegt auf der Hand: Kurzfristig ist die Bettenzahl und die damit einhergehende Personalausstattung für jedes Krankenhaus gegeben, wodurch der größte Teil der Kosten als Fixkosten, d.h. unabhängig vom Belegungsgrad determiniert ist. Da der auf den Patiententag bezogene Pflegesatz zu Beginn jedes Jahres mit den Krankenkassen ausgehandelt wird und daher ein Parameter ist, sind die Erlöse – anders als die Kosten – direkt proportional zur Belegung. Daher wird jedes Krankenhaus allein schon zur Vermeidung von Verlusten an einer gleichmäßig hohen Belegung interessiert sein.[2] Konstante Belegung bedeutet jedoch im Extremfall, daß die Zahl der Pflegetage pro Einwohner proportional zur Zahl der Krankenhausbetten je Einwohner, der Bettendichte, sein müßte. Der hier gefundene Zusammenhang für eine Teilmenge der Einwohner, nämlich die AOK-Mitglieder, ist quantitativ weitaus schwächer, da die Elastizität mit 0,4 weit unter 1 liegt.

Keine der übrigen Variablen hat einen signifikanten Einfluß auf die Größe Krankenhaustage (KHTM). Ihre Schätzkoeffizienten sind sogar durchweg geringer als die zugehörigen Standardfehler. Daher wird die beste Anpassung, gemessen am korrigierten Bestimmtheitsmaß $\overline{R}^2$, erreicht, wenn nur die Variable Bettendichte zur Erklärung herangezogen wird (Spalte 2, Tabelle 4.19).

Insbesondere kann daher kein Einfluß des Arztangebots (hier durch die Variablen ADICHT und FAANTP repräsentiert) auf den Umfang stationärer Behandlung je Versicherten nachgewiesen werden. Das gleiche gilt jedoch auch für die Altersstruktur der Bevölkerung, ihre Morbidität und die restlichen hier betrachteten Variablen. Wegen der insgesamt äußerst geringen Anpassungsgüte sollte daraus nicht der Schluß gezogen werden, diese Größen spielten mit Sicherheit keine Rolle bei der Bestimmung der Inanspruchnahme stationärer Leistungen.

Erheblich größeren Erklärungswert haben die Gleichungen, in denen die Krankenhausverweildauer KHVDM die endogene Variable ist (Tabelle 4.20). Die Bettendichte ist wiederum hochsignifikant, allerdings mit einer Elastizität von nur 0,22. Die oben gefundene Elastizität der Krankenhaustage bezüglich der Bettendichte von etwa 0,4 geht also nur etwa zur Hälfte auf Veränderungen in der Verweildauer zurück, zum restlichen Teil auf Variationen in der Anzahl der Einweisungen je 100 Versicherte.

Eine gesonderte Analyse der Bestimmungsgründe der Krankenhausfälle je 100 Versicherte wurde von uns nicht durchgeführt, kann aber wie angedeutet aus den Ergebnissen bezüglich der Krankenhaustage und der Verweildauer abgeleitet werden. Unsere Beobachtungen zum Einfluß der Bettendichte auf alle 3 Variablen weisen in die gleiche Richtung wie die Ergebnisse aus der breiten Palette der vorliegenden Studien über so unterschiedliche Systeme und Länder wie den Staatlichen Gesundheitsdienst in Großbritannien (Feldstein 1967, Kap. 9), die Bundesstaaten der USA (Feldstein 1976) und die Planungsregionen innerhalb Bayerns (Zwerenz 1982).

---

1 Nach Milton Roemers klassischer Studie (1961).
2 Zur Frage der optimalen Belegung vgl. etwa Jóskow (1980).

Tabelle 4.20. Regressionsgleichungen für die Krankenhausverweildauer

Version	1	2
	Abhängige Variable: KHVDM	
Unabhängige	Schätzkoeffizienten	
Variable	(Standardfehler)	
Const.	−3,170	−3,572 *
	(4,407)	(1,629)
BDICHT	0,221 **	0,210 **
Bettendichte	(0,050)	(0,044)
GLT	−0,335	−0,290
Grundlohnsumme	(0,412)	(0,205)
ADICHT	−0,227 *	−0,185 *
Arztdichte	(0,110)	(0,068)
FAANTP	0,090	−
Facharztanteil	(0,135)	
DBD	−0,011	−
Dicht besiedelt	(0,024)	
DURALT	2,320 **	2,344 **
Durchschnittsalter	(0,584)	(0,516)
VARALT	−0,076	−
Altersvarianz	(0,393)	
FRAUANTP	−0,332 **	−0,319 **
Frauenanteil	(0,101)	(0,090)
$\bar{R}^2$	0,5275	0,5644

Erläuterungen: Vgl. Tabelle 4.11 (alle Variablen in logarithmischer Transformation)

Das Durchschnittsalter DURALT als Gradmesser für die Schwere von Erkrankungen ist gleichfalls mit stark steigender Verweildauer verbunden ($\eta = 2{,}3$), während die Altersvarianz keine Rolle spielt, so daß ein linearer Zusammenhang zwischen Alter und Krankenhausverweildauer zu folgern ist. Zunehmender Frauenanteil verkürzt die durchschnittliche Verweildauer signifikant ($\eta = -0{,}3$). Dies bestätigt die oben zitierte Beobachtung von Acton (1975), daß Männer ihren Gesundheitszustand stärker absinken lassen, ehe sie sich in Behandlung begeben, so daß es dann eine intensivere (hier: längere) Behandlung benötigen. Weitere mögliche Erklärungen sind, daß Frauen ihre notwendige stationäre Behandlung auf ein Minimum abkürzen, um sich eher wieder um ihre Familie kümmern zu können, und daß in die Zahl aller Krankenhausaufenthalte von Frauen auch die Entbindungen eingehen, die eine kürzere durchschnittliche Verweildauer erfordern.

Interessant ist der Effekt der Arztangebotsvariablen ADICHT und FAANTP, die in der umfassenden Modellversion gegenläufige Vorzeichen aufweisen, aber miteinander stark positiv korreliert sind ($r = 0{,}76$). Eliminiert man die schwächere Variable, FAANTP, aus der Gleichung, so reduziert dies zwar den Koeffizienten von ADICHT leicht (auf $\eta = -0{,}18$), durch die Beseitigung der Multikollinearität geht jedoch auch der Standardfehler der Schätzung soweit zurück, daß der Effekt weiterhin signifikant ist.

Wie ist dieser negative Einfluß der Arztdichte auf die Verweildauer zu deuten, wenn man gleichzeitig bedenkt, daß kein signifikanter Einfluß auf die Krankenhaustage gefunden wurde? Offenbar ist eine größere Arztdichte mit mehr Einweisungen verbunden, weil mehr stationär behandlungsbedürftige Krankheiten diagnostiziert werden. Die plausible Hypothese, daß Ärzte bei großer Arbeitsüberlastung Patienten ans Krankenhaus weiterreichen, wird durch dieses Ergebnis widerlegt. Denn daraus würde folgen, daß die Zahl der Krankenhausfälle *negativ* auf Veränderungen der Arztdichte reagiert, während wir indirekt auf eine positive Reaktion schließen.

Die erhöhte Zahl von Einweisungen bei steigender Arztdichte wird jedoch durch kürzere Verweildauer ausgeglichen, da zum einen die rechtzeitige Entdeckung von Krankheiten die Länge der benötigten stationären Behandlung abkürzt, zum anderen vielleicht auch, weil weniger stark ausgelastete (Beleg-) Ärzte ihre Krankenhauspatienten besser überwachen können und daher eher erkennen, daß sie wieder entlassungsfähig sind.

Unsere Erkenntnisse tragen zu der schon vor geraumer Zeit begonnenen Diskussion bei, ob mehr Ärzte wegen der Substitutionalität zwischen ambulanter und stationärer Behandlung (vgl. Davis u. Russell 1972) das Ausmaß der stationären Behandlung senken oder ob sie es in ihrer Funktion als „Türhüter des stationären Systems" steigern. Aufgrund unserer Ergebnisse glauben wir, daß in der Tat beide Effekte wirksam sind, sich aber in ihrer Wirkung auf die Größe des Gesamtvolumens der stationären Behandlung, gemessen an der Zahl der Krankenhaustage je 100 Versicherte, gegenseitig aufheben.

Welche gesundheitspolitischen Schlußfolgerungen sich aus allen diesen Ergebnissen ziehen lassen, werden wir in Kap. 7 diskutieren.

5 Empirische Analyse von Daten für kassenärztliche Abrechnungsbezirke der Bundesrepublik

5.1 Beschreibung des Datensatzes

Der zweite Datensatz, der Gegenstand unserer empirischen Analyse ist, wurde vom Wissenschaftlichen Institut der Ortskrankenkassen für eine Studie im Auftrag des Bundesministers für Arbeit und Sozialordnung erhoben. Die Ergebnisse dieser Studie, auf die wir in 5.2.1 näher eingehen, und die Daten selbst sind in Borchert (1980) veröffentlicht worden.

Es handelt sich hier um eine reine Querschnittsbetrachtung; die Zahlen über die Inanspruchnahme medizinischer Leistungen und die meisten der übrigen Größen beziehen sich auf das Kalenderjahr 1977. Das Untersuchungsgebiet umfaßt die gesamte Bundesrepublik Deutschland; Beobachtungseinheiten sind die 54 Abrechnungsbezirke der Kassenärztlichen Vereinigungen. Wie in dem Datensatz für die Kreise Baden-Württembergs (s. Kap. 4) sind auch hier nur die Inanspruchnahmewerte der Mitglieder (Stammversicherten) der Allgemeinen Ortskrankenkassen (AOK) erfaßt.

Da Angaben über die Krankenhausbettendichte fehlen, ist eine systematische Analyse der Determinanten der Inanspruchnahme stationärer Leistungen anhand dieser Daten nicht möglich. Wir beschränken uns daher in diesem Kapitel auf den Markt für ambulante ärztliche Leistungen und werden die Ergebnisse in Kap. 7 denen aus Abschn. 4.2.1 gegenüberstellen.

Die für unsere empirische Analyse relevanten Variablen aus diesem Datensatz sind in Tabelle 5.1 beschrieben. Soweit Entsprechungen zu den in Tabelle 4.2 aufgeführten Variablen aus dem Datensatz für Baden-Württemberg bestehen, ist dies durch Angabe des von uns dort benutzten Symbols vermerkt. Systematische Abweichungen, die einer eingehenden Kommentierung bedürfen, liegen bei den Variablen BMAELJM, BDINDJE und RAUTJM vor.

Anders als die von uns erhobene Variable AAMOA mißt BMAELJM nicht die tatsächlichen Arztausgaben pro Kopf. Vielmehr wurden diese nacheinander zwei „Bereinigungs"-Prozessen unterzogen (vgl. Borchert 1980, S. 110f.): Zunächst wurden Unterschiede in der Alters- und Geschlechtsverteilung zwischen den AOK-Mitgliedern und der Wohnbevölkerung der jeweiligen Region eliminiert. Als Korrekturfaktoren dienten dabei die bei einer Untersuchung zweier Ortskrankenkassen in Bayern ermittelten „alters- und geschlechtsspezifischen Ausgaben für ambulante ärztliche Leistungen" (vgl. Tabelle 4.4 dieser Arbeit). Schließlich wurden regionale Preisunterschiede mittels Division durch den kassenärztlichen Vergütungsquotienten beseitigt. Das Ergebnis entspricht also einer Bewertung aller Leistungen in sog. Einfachsätzen der maßgeblichen Gebührenordnung „Bewertungsmaßstab für Ärzte" (BMÄ).

Während der zuletzt genannte Schritt unproblematisch ist, bedarf der erste einer näheren Betrachtung. Ziel des Verfahrens war es offensichtlich, eine fiktive

Tabelle 5.1. Die Variablen im Datensatz für Abrechnungsbezirke

Symbol	Stichwort	Ausführliche Definition
BMAELJM ≈ AAMOA	Arztausgaben	Ausgaben für ambulante ärztliche Leistungen je AOK-Mitglied in BMÄ-Einfachsätzen
ANTFACH = FAANTP/100	Facharztanteil	Anteil der Fachärzte an der Gesamtzahl niedergelassener Kassenärzte
FACHIND	Facharztindex	1 + ANTFACH
AERZTEJE = ADICHT	Arztdichte	Niedergelassene Kassenärzte je 10000 Einwohner
ARZTALT	Arztalter	Durchschnittsalter niedergelassener Kassenärzte
BDINDJE	Bedarfsindex	Abweichung der Bevölkerungsstruktur nach Alter und Geschlecht vom Bundesdurchschnitt
ARBLQUTE	Arbeitslosenquote	Arbeitslosenquote
BIPJE = BIPKOPFT•1000	Wirtschaftskraft	Bruttoinlandsprodukt je Einwohner
VQ	Vergütungsquotient	Vergütungsquotient für die kassenärztliche Abrechnung
RAUTJM ≈ RAUTM	Krankenstand	Arbeitsunfähigkeitstage (ohne Krankenhaustage) je erwerbstätiges AOK-Mitglied

Erläuterungen: = Entspricht genau.
≈ Entspricht ungefähr.

Größe „Arztausgaben pro Kopf der Wohnbevölkerung" zu konstruieren, obwohl nur die Arztausgaben je AOK-Mitglied bekannt sind. Der Fehler bei der beschriebenen „Hochrechnung" ist umso größer, je stärker der tatsächliche Zusammenhang zwischen Alter, Geschlecht und Inanspruchnahme in den einzelnen Regionen von dem in den beiden bayrischen Kassen gefundenen abweicht, d. h. je weniger repräsentativ diese Kassen für das Bundesgebiet insgesamt sind.

Er macht sich allerdings umso weniger bemerkbar, je eher die AOK-Mitgliedschaft nach Alter und Geschlecht ein Abbild der Wohnbevölkerung der jeweiligen Region ist.

Ein weiterer Nachteil der beschriebenen Bereinigung bezieht sich auf die empirische Analyse des Einflusses der exogenen Variablen „Alters- und Geschlechtsstruktur" auf die Inanspruchnahme medizinischer Leistungen: Variationen jener Größe sind auf 2 Ebenen beobachtbar, nämlich

a) intraregional zwischen AOK-Mitgliedern und Wohnbevölkerung und

b) interregional zwischen den Wohnbevölkerungen der verschiedenen Abrechnungsbezirke.

Diese Variationsbreite wird künstlich verringert, indem die Unterschiede unter a) in die Konstruktion der endogenen Variablen aufgenommen werden und nur die unter b) als exogener Bestimmungsfaktor in der Analyse verbleiben.

Dies leitet über zur Diskussion der Konstruktion der Variablen BDINDJE. Diese soll die unter b) genannten Unterschiede zwischen den Wohnbevölkerungen der Regionen nach Alter und Geschlecht in einer eindimensionalen Größe erfassen. Die dazu erforderlichen Gewichtungsfaktoren für die einzelnen Alters- und Geschlechtsgruppen bilden wiederum die in Tabelle 4.4 abgedruckten „alters- und geschlechtsspezifischen Arztausgaben" – ein problematisches Verfahren, da hierdurch Elemente der *endogenen* Größe Inanspruchnahme in die Konstruktion der *exogenen* Variablen Bevölkerungsstruktur eingebracht werden.

Ein analoger Unterschied wie zwischen BMAELJM und AAMOA besteht auch zwischen der Krankenstandsvariablen RAUTJM und unserer Größe RAUTM. Auch hier wurde von Borchert (1980) die Konstruktion einer fiktiven, auf die Wohnbevölkerung der jeweiligen Region bezogenen Größe „Arbeitsunfähigkeitstage pro Kopf" versucht, indem Abweichungen zwischen AOK-Mitgliedern und Wohnbevölkerung nach Alter und Geschlecht durch ein Bereinigungsverfahren eliminiert wurden. Als Bereinigungsfaktoren verwendet wurde eine Zahlenreihe „alters- und geschlechtsspezifische Arbeitsunfähigkeitstage", die sich ebenfalls aus der Analyse zweier bayrischer Ortskrankenkassen ergeben hatte (vgl. Borchert 1980, S. 119).

Trotz der genannten Vorbehalte hinsichtlich der Validität der Daten werden wir im folgenden mit dem beschriebenen Datensatz arbeiten, um unsere in Kap. 4 dargestellten empirischen Ergebnisse für Baden-Württemberg anhand von Daten für die gesamte Bundesrepublik zu überprüfen.

5.2 Der Modellansatz von Borchert (1980)

5.2.1 Interpretation der Schätzergebnisse

Wir diskutieren zunächst die Ergebnisse der ökonometrischen Analyse, die Borchert (1980) an dem von ihm erhobenen Datensatz vorgenommen hat. Die zentralen Aussagen dieser Arbeit beruhen auf der Kleinstquadratschätzung der Gleichung

$$\text{BMAELJM} = f(\text{AERZTEJE, FACHIND, ARZTALT, BDINDJE,}$$
$$\text{ARBLQUTE, BIPJE}). \tag{5.1}$$

Tabelle 5.2. Kleinstquadratschätzungen der Arztausgabengleichung in der Spezifikation von Borchert (1980)

Version	1 BORCHERT (1980)	2 URZ-HD	3 URZ-HD
	Abhängige Variable: BMAELJM		
Unabhängige Variable	Schätzkoeffizienten (Standardfehler)		
Const.	3,482 n.a.	2,962 ** (0,843)	3,603 ** (0,926)
AERZTEJE Arztdichte	0,117 (0,111)	0,112 (0,112)	0,187 (0,124)
FACHIND Facharztindex	1,237 ** (0,335)	–	–
FAANTP Facharztanteil	–	0,420 ** (0,114)	–
ARZTALT Arztalter	-0,941 (0,470)	-0,954 (0,471)	-1,085 (0,527)
BDINDJE Bedarfsindex	1,868 ** (0,552)	1,933 ** (0,551)	2,031 ** (0,618)
ARBLQUTE Arbeitslosenquote	-0,061 (0,042)	-0,060 (0.042)	-0,023 (0,046)
BIPJE Wirtschaftskraft	-0,016 (0,082)	-0,012 (0,082)	0,170 * (0,073)
$\bar{R}^2$	0,6558	0,6541	0,5639

Erläuterungen: Beschreibung der Variablen in Tabelle 5.1 (alle Variablen in logarithmischer Transformation).
* Signifikant auf dem 95%-Niveau.
** Signifikant auf dem 99%-Niveau.
$\bar{R}^2$ korrigiertes Bestimmtheitsmaß.

Borchert (1980, S. 79, 145–148) berechnet zwar multiple Korrelationskoeffizienten für mehrere verschiedene Teilmengen der Variablen auf der rechten Seite von Gl. (5.1), präsentiert jedoch eine eigentliche Schätzung mit Angabe der Regressionskoeffizienten nur für das vollständige Modell in Gl. (5.1). Aus den in Abschn. 4.1.3 bereits zitierten Gründen entscheidet Borchert sich für die logarithmische Funktionsform. Die Ergebnisse dieser Schätzung sind in Tabelle 5.2, Spalte 1, wiedergegeben. Spalte 2 enthält die Ergebnisse einer Schätzung derselben Spezifikation, die von uns mit dem Programmpaket SAS im Rechenzentrum der Universität Heidelberg (URZ-HD) vorgenommen wurde. Wir ersetzen allerdings die Variable FACHIND durch den „prozentualen Facharztanteil" FAANTP, um einen Vergleich mit den Ergebnissen des 4. Kapitels zu erleichtern.

Bevor wir unter 5.2.2 eine Kritik der Spezifikation von Gl. (5.1) versuchen, gehen wir hier zunächst auf die von Borchert (1980) vorgenommene Interpretation der Schätzergebnisse im Hinblick auf die These von der Angebotsinduziertheit der Arztausgaben ein. Ausgangspunkt dafür ist die im Titel seiner Studie ausgedrückte Absicht, Zusammenhänge zwischen dem ambulanten ärztlichen Leistungsvolumen, d. h. den Arztausgaben, und der Arztdichte aufzudecken.

In der Tat findet Borchert, daß die 3 Angebotsvariablen Arztdichte, Facharztindex und Arztalter zusammen fast 62% der Varianz der Arztausgaben erklären. Demgegenüber erklären die (einzige) Nachfragevariable „Bedarfsindex" nur 36% und die beiden Wirtschaftsstrukturvariablen Bruttoinlandsprodukt und Arbeitslosenquote zusammen 43% der Varianz der Arztausgaben. Hieraus leitet Borchert (1980, S. 14) die These von der „Prädominanz" der angebotsseitigen über die nachfrageseitigen und die sonstigen Bestimmungsgründe der Inanspruchnahme ärztlicher Leistungen ab. Ist damit jedoch ein erheblicher Einfluß der *Arztdichte* selbst nachgewiesen?

Die Schätzkoeffizienten aus Spalte 1 (bzw. 2) von Tabelle 5.2 selbst lassen Zweifel an einem solchen Einfluß zu. Die Elastizität der Arztausgaben bezüglich der Arztdichte ist zwar positiv, aber mit ca. 0,11 relativ gering und nicht signifikant von Null verschieden. Demgegenüber ist der Koeffizient des Facharztanteils überraschend hoch, selbst wenn man berücksichtigt, daß eine Facharztpraxis aufgrund der unterschiedlichen Tätigkeitsstruktur im Durchschnitt 40% mehr Umsatz erwirtschaftet als eine Allgemeinarztpraxis (vgl. Borchert 1980, S. 82). Borchert interpretiert seine Ergebnisse dahingehend, daß sich wegen der starken Korrelation zwischen den exogenen Variablen (vgl. Tabelle 5.3) die Einflüsse einzelner Größen rechnerisch nicht isolieren lassen und daß der Einfluß der Arztdichte (wie auch des Bruttoinlandsprodukts) bereits im Koeffizienten des Facharztanteils enthalten sei (Borchert 1980, S. 13). Er macht somit das Phänomen der Multikollinearität für die mangelnde Signifikanz des Einflusses der Arztdichte auf die Arztausgaben verantwortlich. Aus der Sicht der ökonometrischen Theorie ist hierzu zu bemerken, daß Multikollinearität nicht zu verzerrten, sondern lediglich ungenauen Schätzungen der Koeffizienten führt, d. h. zu hohen Standardfehlern und geringen t-Werten (vgl. Maddala 1977, S. 190). Sie kann daher nicht erklären, warum der Koeffizient der Arztdichte so gering ist.

Auf der anderen Seite kann man durchaus den folgenden Standpunkt vertreten: Interessanter als der partielle Einfluß der Arztdichte bei *konstantem* Facharzt-

Tabelle 5.3. Einfache Korrelationskoeffizienten der Variablen in der Arztausgabengleichung (5.1)

AERZTEJE	FACHIND	ARZTALT	BDINDJE	ARBLQUTE	BIPJE	
0,65**	0,73**	−0,08	0,61**	−0,35**	0,67**	BMAELJM
	0,57**	−0,04	0,51**	−0,50**	0,67**	AERZTEJE
		0,04	0,49**	−0,16	0,74**	FACHIND
			0,28*	0,13	0,08	ARZTALT
				−0,12	0,53**	BDINDJE
					−0,34*	ARBLQUTE

anteil ist der Einfluß der Arztdichte bei gleichzeitiger Variation des Facharztanteils, da diese beiden Variablen ohnehin zu einem großen Teil gemeinsam variieren. Daher halten wir es für instruktiv, die Gleichung unter Ausschluß der Facharztvariablen neu zu schätzen.

Das Ergebnis dieser Regression (Spalte 3 in Tabelle 5.2) zeigt, daß die geschätzte Elastizität der Arztausgaben bezüglich der Arztdichte nun etwas größer ist (η = 0,19), aber immer noch insignifikant, da der Standardfehler sich kaum verändert hat. Folglich geht die fehlende Signifikanz des Arztdichteeffekts in der Borchert-Version der Gleichung nicht primär auf die Kollinearität zwischen Arztdichte und Facharztanteil zurück. Die Aussage, daß die Arztdichte selbst einen positiven Einfluß auf das Leistungsvolumen hat, läßt sich mit dem Ansatz von Borchert also nicht erhärten.

5.2.2 Kritik an der Spezifikation

Bevor wir unter 5.3 den Versuch unternehmen, unser zu Abschn. 4.1.3 entwikkeltes Schätzmodell zur simultanen Erklärung der Arztausgaben, der Arztdichte und des Krankenstands auf diesen Datensatz anzuwenden, wollen wir zunächst auf einige Schwächen der Borchert-Spezifikation hinweisen, die Zweifel an seinen Schlußfolgerungen begründen. Diese möglichen Spezifikationsfehler lassen sich in 3 Kategorien unterteilen:
1. Einbeziehung irrelevanter Variablen,
2. Auslassung relevanter Variablen,
3. Behandlung endogener Variablen als exogen.

Zu 1): Die Einbeziehung einer Größe als exogene Variable in eine Schätzgleichung setzt voraus, daß theoretische Überlegungen eine kausale Einwirkung von dieser Größe auf die endogene Variable dieser Gleichung begründen. Wird dieses Erfordernis nicht beachtet, so sind alternativ 2 unerwünschte Konsequenzen denkbar:
a) Die Irrelevanz der Variablen wird von der Schätzung in der Weise bestätigt, daß ihr Schätzkoeffizient geringer ist als sein Standardfehler. Dann ist die

Güte der Anpassung, gemessen am korrigierten Bestimmheitsmaß R^2, nicht maximal, und die Prognosetauglichkeit des Modells wird geschmälert (vgl. Rao u. Miller 1971, S. 21).

b) Die Schätzung weist einen signifikanten Einfluß der exogenen auf die endogene Variable aus, der in Wahrheit auf die gemeinsame Abhängigkeit beider Größen von einer dritten, nicht meßbaren Größe zurückgeht. In diesem Fall sind Fehlinterpretationen wahrscheinlich, wenn die dritte Größe nicht identifiziert werden kann, d. h. wenn der empirische Forscher nicht weiß, wofür die von ihm einbezogene „irrelevante" Variable eine „Proxy"-(Stellvertreter)-Rolle spielt.

Eine ungenügende theoretische Absicherung des Einflusses scheint uns in der Borchert-Gleichung (5.1) bei den Wirtschaftsstrukturvariablen Arbeitslosenquote und Bruttoinlandsprodukt vorzuliegen. Während eine Variation des Krankenstands und damit vermutlich auch der Inanspruchnahme medizinischer Leistungen im Konjunkturablauf, d. h. *über die Zeit,* plausibel ist und verschiedentlich empirisch beobachtet wurde, dürfte dieser Gesichtspunkt bei Querschnittsbetrachtungen kaum eine Rolle spielen.

Tatsächlich ist der Koeffizient der Variablen BIPJE in den Schätzungen in Tabelle 5.2 gering und hat das „falsche" Vorzeichen. Die Arbeitslosenquote hat zwar das richtige Vorzeichen, aber ihr Effekt ist ebenfalls nicht signifikant von Null verschieden. Eventuell reflektiert diese Variable jedoch eine nicht explizit erfaßte Größe, nämlich den Stadt-Land-Unterschied, der mit einem Inanspruchnahmegefälle verbunden sein kann (vgl. Punkt 2).

Zu 2): Noch problematischer ist das Auslassen relevanter Variablen, da dies die Schätzkoeffizienten der in der Gleichung enthaltenen Variablen in dem Maße verzerrt, wie diese mit den ausgelassenen Variablen korreliert sind (vgl. Intriligator 1978, S. 188). Von den in Kap. 2 als theoretisch und empirisch relevant ermittelten Einflußgrößen fehlen in Gl. (5.1) Maße für den Verstädterungsgrad und für die Morbidität der Bevölkerung. Die Nichtberücksichtigung der ersten Größe kann zu Verzerrungen beim Facharztanteil (der in Städten besonders hoch ist) und bei der Arbeitslosenquote (die dort niedrig ist) geführt haben.[1]

Als Maß für den medizinischen Bedarf verwendet Borchert (1980) nicht die tatsächliche Morbidität, sondern lediglich einen Index für Abweichungen in der Altersstruktur, BDINDJE. Diese Vorgehensweise hat mehrere Nachteile: Erstens bleiben diejenigen Unterschiede in der Morbidität unberücksichtigt, die nicht auf die Altersstruktur, sondern auf andere Faktoren, z. B. Umwelteinflüsse, zurückgehen. Zweitens ist BDINDJE aus den in Abschn. 5.1 erläuterten Gründen auch als Maß für die Altersverteilung unbefriedigend.

Zu 3): Ferner wird in der Borchert-Gleichung die in Abschn. 3.1 erwähnte Möglichkeit außer acht gelassen, daß die Arztdichte ihrerseits auf das antizipierte regionale Gefälle in der Inanspruchnahme ärztlicher Leistungen reagiert hat, da Borchert die Arztdichte als exogen und die Arztausgaben als endogen spezifiziert. Sofern auch ein umgekehrter Ursache-Wirkungs-Zusammenhang besteht, ist der Arztdichtekoeffizient in der Schätzung von Gl. (5.1) nach oben verzerrt.

---

1 Die einfache Korrelation zwischen der Arbeitslosenquote und der Dummyvariablen für den Urbanitätsgrad, DBD, beträgt in diesem Datensatz r = −0,24.

5.3 Anwendung unseres Schätzmodells

5.3.1 Überlegungen zur Modellspezifikation

Da die in Abschn. 5.2.2 diskutierten Spezifikationsfehler vermuten lassen, daß die in Tabelle 5.2 dargestellten Schätzergebnisse teilweise verzerrt sind, unterziehen wir die in Tabelle 5.1 beschriebenen Daten einer neuen Schätzung. Die Rechnungen wurden ebenfalls im Rechenzentrum der Universität Heidelberg mit dem Programmpaket SAS durchgeführt.

Unser bereits entwickeltes Schätzmodell (vgl. 4.1.3, Abb. 4.1) wird der Schätzung zugrundegelegt.[1] Die Anwendbarkeit unseres Modells auf diesen Datensatz wird dadurch erschwert, daß 6 der 11 in Abb. 4.1 auftretenden exogenen Variablen in dem Datensatz (vgl. auch Tabelle 5.1) nicht enthalten sind, nämlich
- die Krankenhausbettendichte,
- die Nähe zu einer medizinischen Hochschule,
- die Übernachtungen im Fremdenverkehr als Gradmesser für die Attraktivität einer Region,
- der Anteil freiwillig Versicherter,
- der Verbrauch fossiler Brennstoffe als Proxy für die (mangelnde) Luftqualität und
- das Durchschnittseinkommen der AOK-Mitglieder.

Allerdings wurde bei 2 dieser Variablen (Hochschulnähe und Durchschnittseinkommen) kein signifikanter Einfluß auf eine der 3 modellendogenen Variablen festgestellt, so daß sie als verzichtbar gelten können (s. 4.2.1).

Maße für die Wirtschaftskraft (BIPJE), Altersstruktur und Frauenanteil (BDINDJE) und Facharztanteil (FACHIND bzw. FAANTP) sind in den Daten für Abrechnungsbezirke vorhanden. Ein Maß für den Urbanitätsgrad kann aus anderen Quellen konstruiert werden.[2] Ebenso wie in Kap. 4 definieren wir hierzu eine Dummyvariable DBD und weisen ihr den Wert 1 zu, falls die Bevölkerungsdichte größer ist als 200 Einwohner je Quadratkilometer.

Bezüglich der hier zusätzlich vorhandenen Variablen Arztalter (ARZTALT), Arbeitslosenquote (ARBLQUTE) und Vergütungsquotient (VQ) werden die Hypothesen getestet werden, daß
- das Arztalter das Leistungsvolumen (negativ) beeinflußt,
- der Vergütungsquotient sich (positiv) auf die Arztdichte auswirkt, und
- eine hohe Arbeitslosenquote dieselbe Wirkung hat wie ein geringes Bruttoinlandsprodukt, nämlich die Region für Ärzte unattraktiv macht und somit die Arztdichte senkt.

Außerdem wird vermutet, daß die Variablen ARBLQUTE und BIPJE die Inanspruchnahme ärztlicher Leistungen nicht direkt, sondern nur über ihren Einfluß auf den Krankenstand beeinflussen. Schließlich wird die Möglichkeit

---

1 Einen simultanen ökonometrischen Ansatz wendet auch Adam (1983, S. 75–82) auf denselben Datensatz an. Der Erklärungsgehalt seines Modells ist u. E. jedoch geringer, da er die Variable Arbeitsunfähigkeitstage nicht in die Schätzgleichungen einbezieht.

2 Ich danke Hans Adam für die freundliche Überlassung seiner Daten bezüglich der Variablen „Quadratkilometer je Arzt", die dazu hilfreich war.

zugelassen, daß die Niederlassungsentscheidungen der Ärzte sich nicht nur an der (im Zeitverlauf schwankenden) Inanspruchnahme selbst orientieren, sondern auch an der stabileren Größe Alters- und Geschlechtsstruktur. Daher wird BDINDJE als weitere erklärende Variable in die Arztdichtegleichung aufgenommen.

Die Variable für den Verstädterungsgrad DBD wird in alle 3 Gleichungen einbezogen, um die Hypothesen zu testen, daß
– städtische Regionen für Ärzte attraktiver sind als ländliche;
– Stadtleben z.B. aufgrund geringerer Umweltqualität krank macht;
– Stadtbewohner bei gleicher Morbidität den Arzt häufiger aufsuchen.

Das Modell hat nach diesen Modifikationen die folgende algebraische Struktur:

$$\text{BMAELJM} = f(\text{RAUTJM, AERZTEJE, FAANTP, ARZTALT, BDINDJE, DBD}) \tag{5.2}$$

$$\text{AERZTEJE} = g(\text{BMAELJM, BDINDJE, BIPJE, ARBLQUTE, VQ, DBD}) \tag{5.3}$$

$$\text{RAUTM} = h(\text{BMAELJM, AERZTEJE, BDINDJE, BIPJE, ARBLQUTE, DBD, FAANTP}). \tag{5.4}$$

Um die funktionale Form der Beziehungen f, g und h korrekt zu spezifizieren, vergleichen wir zunächst wie in dem oben betrachteten Datensatz (vgl. Tabelle 4.7) die lineare und die logarithmische Funktionsform mittels eines Box-Cox-Tests für alle 3 Gleichungen. Die in Tabelle 5.4 wiedergegebenen Resultate dieses Tests zeigen eine minimale Überlegenheit der linearen Form für Gl. (5.2) und (5.4), während für Gl. (5.3) die Anpassung bei logarithmischem Zusammenhang deutlich besser ist. Da zumindest bei simultaner Schätzung alle Modellgleichungen dieselbe Funktionsform aufweisen müssen, unterstellen wir im folgenden generell die logarithmische Form. Dadurch wird auch der Vergleich mit den Schätzergebnissen aus Kapitel 4 sowie Tabelle 5.2 erleichtert.

Die Schätzergebnisse für das Modell selbst sind in den Tabellen 5.5–5.7 wiedergegeben. Die Spalten jeder Tabelle beziehen sich auf unterschiedliche Spezifikationen des Modells, die im folgenden erläutert werden:

Tabelle 5.4. Ergebnisse des Box-Cox-Tests für Gl. (5.2)–5.4)

Funktionsform		Linear	Logarithmisch
Gl.	Abhängige Variable	Summe der quadrierten Abweichungen der transformierten Schätzgleichung	
(5.2)	BMAELJM	0,163	0,169
(5.3)	AERZTEJE	0,478	0,408
(5.4)	RAUTJM	0,482	0,488

Spezifikation 1: Zunächst wird das vollständige Modell der Gl. (5.2)–(5.4) simultan mit der 2stufigen Methode der kleinsten Quadrate (2SLS) geschätzt. Bei dieser Schätzung ergibt sich in Gl. (5.4) ein unbefriedigendes Bild: Die Standardfehler betragen durchweg ein Mehrfaches der geschätzten Koeffizienten. Überdies haben die beiden übrigen endogenen Variablen in dieser Gleichung das falsche Vorzeichen: Weder der positive Einfluß der Inanspruchnahme noch der negative Einfluß der Arztdichte (bei konstanter Inanspruchnahme!) auf die Morbidität ist intuitiv plausibel. Daraus ist der Schluß zu ziehen, daß eine simultane Schätzmethode für diese Gleichung wegen der geringen Robustheit im Vergleich zu Einzelgleichungsansätzen nicht geeignet ist.

Spezifikation 2: Das verbleibende simultane Erklärungsmodell besteht nur noch aus Gl. (5.2) und (5.3), und die Morbiditätsvariable RAUTJM wird (relativ zur Arztdichte und zu den Arztausgaben) als exogen angenommen. In dieser Version haben die wechselseitigen Einflüsse der Arztausgaben BMAELJM und der Arztdichte AERZTEJE das erwartete positive Vorzeichen, die entsprechenden Standardfehler sind zwar geringer als die Schätzkoeffizienten selbst, jedoch so groß, daß die statistische Signifikanz der beiden Effekte bei t-Werten von knapp 2 auf dem 95%-Niveau nicht gesichert ist.

Spezifikation 3: Aus diesem Grunde werden alle Gleichungen alternativ einzeln mit der gewöhnlichen Methode der kleinsten Quadrate geschätzt.[1] Die daraus resultierenden Verzerrungen bei der Schätzung der Einflüsse der endogenen Variablen AERZTEJE und BMAELJM aufeinander sind gering, wie aus einem Vergleich der entsprechenden Koeffizienten dieser und der zweiten Spezifikation zu ersehen ist. Bei der folgenden Diskussion der Schätzergebnisse werden wir daher auf die beiden letzten Spezifikationen zurückgreifen.

5.3.2 Schätzergebnisse

5.3.2.1 Die Arztausgabengleichung

Vergleicht man unsere Schätzergebnisse bezüglich der Erklärung der Arztausgaben aus Tabelle 5.5 mit denen von Borchert (1980) (vgl. Tabelle 5.2, Spalte 1 bzw. 2), so wird deutlich, daß die Berücksichtigung der Krankenstandsvariablen RAUTJM nicht nur die Güte der Anpassung sprunghaft erhöht, sondern auch die einzelnen Schätzkoeffizienten erheblich verändert.

RAUTJM selbst hat einen hochsignifikanten positiven Effekt auf die Arztausgaben mit einer Elastizität von gut 0,3. Dieses Ergebnis wirft die Frage auf, ob die Variable RAUTJM tatsächlich das mißt, was sie messen sollte, nämlich die Morbidität der versicherten Bevölkerung, oder ob sie eher willkürliche Unterschiede in der Handhabung von *Krankschreibungen* ausdrückt. Im zweiten Fall wäre der Anstieg der Arztausgaben bei einer Zunahme der Arbeitsunfähigkeit durch diese nicht wirklich „erklärt". Die Variation beider Größen müßte auf eine gemeinsame Ursache zurückgeführt werden. Der Klärung dieser Frage soll die Diskussion der Ergebnisse zu Gl. (5.4) in Abschn. 5.3.2.2 dienen.

---

1 Die Unterspezifikationen 3a und 3b beziehen sich jeweils auf zwei verschiedene Mengen unabhängiger Variablen auf der rechten Seite der Gleichungen.

Tabelle 5.5. Regressionsergebnisse für die Arztausgabengleichung (5.2)

Spezifikation	1	2	3a	3b
Methode	2SLS	2SLS	OLS	OLS

	Abhängige Variable: BMAELJM			
Unabhängige Variable	Schätzkoeffizienten (Standardfehler)			
Const.	1,759	2,168 **	2,037 **	1,905 **
	(1,679)	(0,737)	(0,700)	(0,604)
AERZTEJE Arztdichte	0,238	0,242	0,293 **	0,305 **
	(0,149)	(0,122)	(0,077)	(0,068)
RAUTJM Krankenstand	0,481	0,305 **	0,320 **	0,341 **
	(0,692)	(0,072)	(0,069)	(0,050)
FAANTP Facharztanteil	0,100	0,156	0,127	0,130
	(0,222)	(0,105)	(0,091)	(0,085)
ARZTALT Arztalter	−0,318	−0,514	−0,446	−0,391
	(0,829)	(0,410)	(0,391)	(0,349)
BDINDJE Bedarfsindex	−0,227	0,332	0,171	−
	(2,144)	(0,589)	(0,521)	
DBD Dicht besiedelt	−0,009	0,004	0,003	−
	(0,053)	(0,011)	(0,011)	
$\overline{R}^2$	−	−	0,7746	0,7829

Erläuterungen: Vgl. Tabelle 5.2 (alle Variablen in logarithmischer Transformation).

Bei gleichem Krankenstand ist ein *zusätzlicher* Einfluß der Altersstruktur nicht nachzuweisen, wie man aus dem insignifikanten Effekt der Variablen BDINDJE ablesen kann. Anders als für die Kreise Baden-Württembergs läßt sich hier kein systematisches Stadt-Land-Gefälle in der Inanspruchnahme ärztlicher Leistungen feststellen, denn der Koeffizient der Variablen DBD ist in allen Spezifikationen vernachlässigbar klein, und sie fehlt in der Spezifikation mit dem höchsten Wert von $\overline{R}^2$, Version 3b.

Tabelle 5.6. Regressionsergebnisse für die Arztdichtegleichung (5.3)

Spezifikation	1	2	3a	3b
Methode	2SLS	2SLS	OLS	OLS
		Abhängige Variable: AERZTEJE		
Unabhängige Variable		Schätzkoeffizienten (Standardfehler)		
Const.	-0,593	-0,138	0,119	0,721 **
	(3,307)	(0,417)	(3,031)	(0,110)
BMAELJM Arztausgaben	0,867 **	0,398	0,384 *	–
	(0,265)	(0,217)	(0,160)	
BDINDJE Bedarfsindex	–	–	1,180	1,811 **
			(0,690)	(0,669)
VQ Vergütungsquotient	-0,190	–	–	–
	(1,481)			
ARBLQUTE Arbeitslosenquote	-0,111	-0,125 **	-0,142 **	-0,166 **
	(0,060)	(0,047)	(0,047)	(0,048)
BIPJE Wirtschaftskraft	0,217 *	0,309 **	0,260 **	0,309 **
	(0,098)	(0,088)	(0,083)	(0,084)
DBD Dicht besiedelt	-0,044 *	-0,022	-0,029	-0,014
	(0,020)	(0,018)	(0,016)	(0,015)
$\bar{R}^2$	–	–	0,5997	0,5607

Erläuterungen: Vgl. Tabelle 5.2 (alle Variablen in logarithmischer Transformation).

Eine besonders drastische Änderung gegenüber der Borchert-Spezifikation der Schätzgleichung haben die Wirkungen der Arztangebotsvariablen erfahren. So ist der marginale Einfluß des Facharztanteils (bei gleicher Arztdichte) jetzt insignifikant und gering, und auch der Effekt des Arztalters ist stark zurückgegangen.
Dagegen hat sich der Koeffizient der Arztdichte gut verdoppelt mit Werten um 0,24 in der 2SLS-Schätzung und 0,3 in der OLS-Schätzung, wobei der letzte Wert

Tabelle 5.7. Regressionsergebnisse für die Arbeitsunfähigkeitsgleichung (5.4)

| Spezifikation | 1 | 3a | 3b | 3c |
Methode	2SLS	OLS	OLS	OLS
		Abhängige Variable: RAUTJM		
Unabhängige Variable		Schätzkoeffizienten (Standardfehler)		
Const.	-1,570 (9,039)	0,585 (0,294)	0,426 (0,295)	0,421 (0,291)
BMAELJM Arztausgaben	1,413 (9,338)	-	-	-
AERZTEJE Arztdichte	-0,321 (13,096)	-0,420 * (0,194)	-	-
FAANTP Facharztanteil	-0,149 (0,320)	0,431 * (0,210)	0,313 (0,211)	0,333 (0,168)
BDINDJE Bedarfsindex	1,101 (8,506)	3,584 ** (0,944)	2,827 ** (0,910)	2,834 ** (0,854)
BIPJE Wirtschaftskraft	0,122 (2,848)	0,105 (0,141)	0,021 (0,141)	-
ARBLQUTE Arbeitslosenquote	0,042 (1,599)	-0,097 (0,073)	-0,020 (0,067)	-
DBD Dicht besiedelt	0,035 (0,535)	0,065 ** (0,022)	0,075 ** (0,022)	0,077 ** (0,021)
$\bar{R}^2$	-	0,6465	0,6193	0,6331

Erläuterungen: Vgl. Tabelle 5.2 (alle Variablen in logarithmischer Transformation).

aus den bereits genannten Gründen leicht nach oben verzerrt sein dürfte. Nach diesen Schätzungen würde eine 10%ige Zunahme der Ärztezahl zu einer 2,4–3%igen Steigerung des Leistungsvolumens führen.

Wie ist der positive Einfluß der Arztdichte auf die erbrachte ambulante Leistungsmenge zu deuten? Bestätigt er die in Abschn. 2.4.1 diskutierte Theorie der

Tabelle 5.8. Regressionsergebnisse für den (einfachen) Zusammenhang zwischen Arztdichte und Arztausgaben

Funktionsform		Linear		Logarithmisch	
		Schätzkoeffizient (Standardfehler)		Schätzkoeffizient (Standardfehler)	
Unabhängige Variable		Const.	ADICHTM	Const.	ln ADICHTM
Testbereich	n				
1 Insgesamt	54	61,80 ** (9,11)	5,43 ** (0,76)	1,52 ** (0,08)	0,542 ** (0,075)
		(Durbin-Watson = 1,66)			
2 ADICHTM>12	23	76,36 ** (21,20)	4,43 ** (1,54)	1,57 ** (0,19)	0,495 ** (0,168)
3 ADICHTM<12	31	59,95 * (22,94)	5,55 * (2,18)	1,53 ** (0,19)	0,529 ** (0,191)
4 ADICHTM>11	31	64,16 ** (16,92)	5,23 ** (1,28)	1,49 ** (0,15)	0,569 ** (0,137)
5 ADICHTM<11	23	19,48 (31,06)	9,66 ** (3,06)	1,21 ** (0,26)	0,851 ** (0,260)

Erläuterungen: Vgl. Tabelle 5.2.

angebotsinduzierten Nachfrage nach ärztlichen Leistungen oder könnte er auch lediglich Ausdruck eines mit steigender Arztdichte sinkenden Zeitpreises für den Patienten sein?[1] Wir überprüfen hier wie in Abschn. 4.2.1.2 die extreme Version der Anbieterinduzierungstheorie, indem wir den einfachen Zusammenhang zwischen Arztdichte und Arztausgaben auf das Vorliegen von Proportionalität zwischen beiden Größen untersuchen. Diese ist wiederum das Kriterium für das Wirken von Rationierung auf dem Markt für ambulante ärztliche Leistungen oder von Nachfrageschaffung im Sinne der Zieleinkommenshypothese.

---

1 Mit einem Teilaspekt des Zeitpreises, nämlich den Wegekosten, beschäftigt sich Adam (1983, S. 127ff.). Nach seinen Ergebnissen kann der Arztdichteeinfluß in eben diesem Datensatz jedoch nicht völlig als eine Reaktion der Patienten auf geänderte Wegekosten interpretiert werden.

Als relevante Arztangebotsgröße verwenden wir wie in Kap. 4 die modifizierte Arztdichte, in deren Berechnung alle Allgemeinärzte mit dem Gewichtungsfaktor 1 und alle Fachärzte mit dem Faktor 1,5 eingehen. Wir ermitteln sie aus der Arztdichte AERZTEJE und dem prozentualen Facharztanteil FAANTP nach der Formel

$$\text{ADICHTM} = \text{AERZTEJE} + \text{FAANTP}/200. \tag{5.5}$$

Die Ergebnisse der Schätzungen für die Parameter der Testgleichungen (4.12) und (4.13) sind in Tabelle 5.8 zusammengefaßt. Sie weisen eine starke Parallelität zu den entsprechenden Ergebnissen aus dem Datensatz für Baden-Württemberg (Tabelle 4.13) auf. Die Hypothese der Proportionalität zwischen Inanspruchnahme und modifizierter Arztdichte kann auch hier für den Datensatz insgesamt nach beiden Testkriterien sicher abgelehnt werden (Zeile 1). Das gleiche gilt für beide Teilstichproben hoher Arztdichte (Zeilen 2 und 4 in Tabelle 5.8), aber auch für die Teilmenge aller Beobachtungen mit einer modifizierten Arztdichte unter 12 (Zeile 3).

Lediglich innerhalb der Gruppe von Abrechnungsbezirken mit modifizierter Arztdichte unter 11 (Zeile 5 in Tabelle 5.8) ist die Elastizität der Inanspruchnahme bezüglich der Arztdichte nicht signifikant von 1 verschieden. Diese Resultate sind mit einer Interpretation des positiven Zusammenhangs beider Variablen als Rationierungseffekt kompatibel. Eine Proportionalität beider Größen

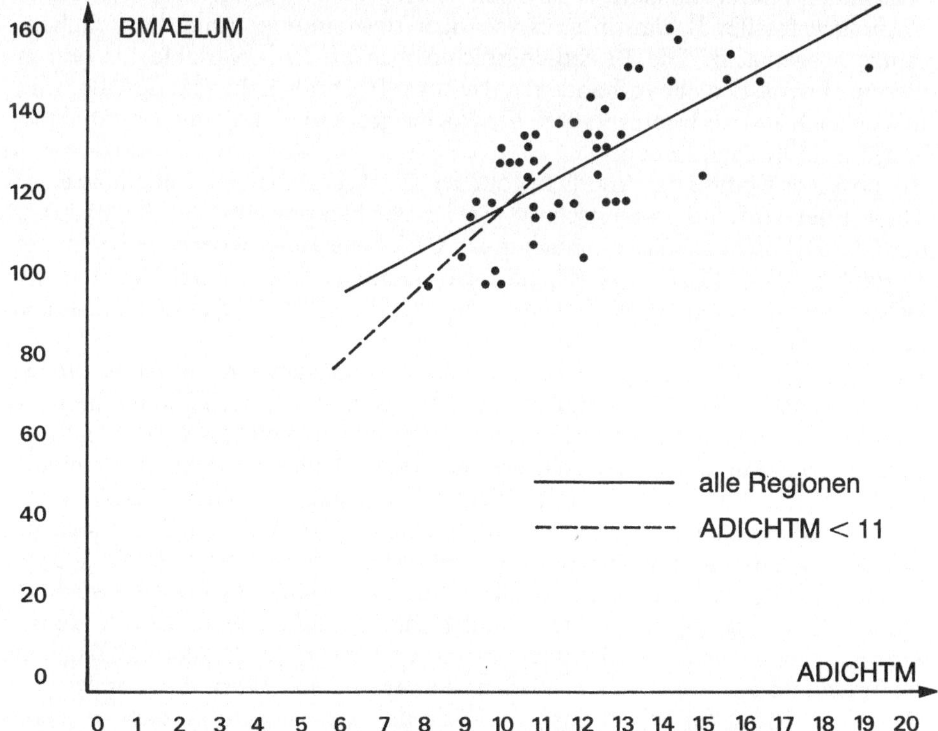

Abb. 5.1. Regressionsgeraden für die Beziehung zwischen modifizierter Arztdichte und Inanspruchnahme aus Tabelle 5.8

bei hoher Arztdichte im Sinne der Zieleinkommenshypothese können wir hier wie schon in Kap. 4 anhand der Daten aus Baden-Württemberg ablehnen. Abbildung 5.1 stellt die beobachtete Punktwolke und die Regressionsgeraden für eine lineare Beziehung zwischen modifizierter Arztdichte und Inanspruchnahme ärztlicher Leistungen graphisch dar. Eingezeichnet sind die Regressionsgeraden für den gesamten Datensatz und für die Teilstichproben aus den Zeilen 4 und 5 der Tabelle 5.8. Auch aus dieser Graphik wird die Übereinstimmung der Ergebnisse mit denen aus Kap. 4 (vgl. Abb. 4.2) deutlich.

5.3.2.2 Die Arbeitsunfähigkeitsgleichung

Wir gehen nun zur Interpretation der Ergebnisse der multiplen Regressionsanalyse der übrigen Gleichungen unseres Modells über. Wir beginnen mit den Schätzergebnissen für die Krankenstandsgleichung in Tabelle 5.7.

Die Altersstruktur wirkt zwar, wie bereits gezeigt wurde, nicht direkt auf die Inanspruchnahme ärztlicher Leistungen ein, jedoch indirekt, da die entsprechende Variable BDINDJE ein wesentlicher Bestimmungsgrund des Krankenstands ist. Hochsignifikant positiv ist auch der Koeffizient des Urbanitätsgrads DBD: Ceteris paribus ist in dichter besiedelten Regionen der Krankenstand um 7–8% höher als auf dem Lande. Dieses Ergebnis läßt erheblichen Spielraum für Spekulationen darüber, welcher Aspekt der Besiedlungsdichte einen krankmachenden Faktor darstellt. In Abschn. 4.2.1.4 wurde der luftverschlechternde Verbrauch fossiler Brennstoffe als wichtiger Bestimmungsgrund des Krankenstands ausgemacht. Die Besiedlungsdichte mag als Proxyvariable für den in diesem Datensatz nicht vorhandenen Brennstoffverbrauch dienen; denkbar sind jedoch auch andere Interpretationen, etwa die größere Hektik und Lärmbelästigung im städtischen Leben.

Ein positiver Einfluß der Arztdichte auf die Krankschreibungen – im Sinne einer Theorie der „Erfüllungsbereitschaft" – ist aus den hier präsentierten Schätzungen der Gl. (5.4) nicht abzulesen. Auch in der OLS-Schätzung ist der Koeffizient der Variablen AERZTEJE negativ (und sogar signifikant), so daß der Verdacht auf Fehlspezifikation naheliegt. Darum wurde auf diese Variable in den Versionen 3b und 3c verzichtet.

Dagegen ist der Einfluß des Facharztanteils an der Gesamtzahl der Ärzte auf den Krankenstand in der OLS-Schätzung positiv, wenn auch nach Eliminieren der Arztdichtevariablen AERZTEJE nicht signifikant von Null verschieden. Akzeptiert man das Vorzeichen, so stellt sich die Frage, ob dieser Effekt unterschiedliche Krankschreibungsgewohnheiten der Fachärzte gegenüber den Allgemeinärzten widerspiegelt oder aber ob hier eine Scheinkorrelation in dem Sinne vorliegt, daß der Facharztanteil Proxy für eine nicht näher identifizierte dritte Größe ist.

Zusammenfassend kann man feststellen, daß die Variable RAUTJM tatsächlich das mißt, was sie messen sollte, nämlich die Morbidität einer Bevölkerungsgruppe. Denn soweit Variationen in dieser Größe durch zugrundeliegende Bestimmungsfaktoren erklärt werden konnten – der Wert des korrigierten Bestimmtheitsmaßes ist mit gut 0,6 nicht ganz befriedigend – tragen zu dieser Erklärung fast ausschließlich die Altersstruktur und das Stadt-Land-Gefälle bei, nicht jedoch die Angebotsdichte.

5.3.2.3 Die Arztdichtegleichung

Auch die Schätzung der Arztdichtegleichung (5.3) reicht bezüglich des Erklärungsgehalts nicht annähernd an die der Inanspruchnahmegleichung (5.2) heran: $\overline{R}^2$ liegt durchweg unter 0,6. Mit entsprechender Vorsicht sind die Schätzergebnisse zu dieser Gleichung zu interpretieren. Die Koeffizienten der Wirtschaftsstrukturvariablen BIPJE und ARBLQUTE sind hochsignifikant von Null verschieden und haben das „richtige" Vorzeichen im Sinne der unter 5.3.1 aufgestellten Hypothesen. Der Urbanitätsgrad als Maß für die kulturelle Attraktivität hat dagegen überraschend einen negativen Koeffizienten, der jedoch auf Multikollinearität beruhen dürfte, da DBD stark positiv mit BIPJE korreliert ist ($r = 0{,}60$). Ein Einfluß der – ohnehin nur geringfügigen – Unterschiede im Vergütungsquotienten für kassenärztliche Abrechnungen auf die Niederlassung von Ärzten ist erwartungsgemäß nicht festzustellen.

Beeinflußt auch der unterschiedliche Ärztebedarf die Niederlassungsentscheidungen der Ärzte? Unsere Regressionsergebnisse legen es nahe, diese Frage zu bejahen, denn der Koeffizient der Inanspruchnahmevariablen BMAELJM ist positiv, mit knapp 0,4 von beachtlicher Höhe und in der OLS-Schätzung signifikant.

Es gibt nun gute Gründe, diese Version der Arztdichtegleichung für fehlspezifiziert zu halten, etwa weil keine korrekte zeitliche Abfolge von Ursache und Wirkung besteht (gegenwärtige Arztausgaben, aber vergangene Niederlassungsentscheidungen von Ärzten, vgl. 4.2.1.3). Eliminiert man dementsprechend die Variable BMAELJM aus der Gleichung, so steigt der Koeffizient des Altersstrukturindexes BDINDJE stark an und ist hochsignifikant positiv. In jedem Fall kann man daher u. E. von einem „Bedarfseffekt" sprechen: Die Ärzte scheinen sich tatsächlich ceteris paribus verstärkt dort niedergelassen zu haben, wo sie besonders gebraucht werden.

Wie diese Schätzergebnisse in der Gegenüberstellung mit denen aus den beiden anderen Datensätzen zu werten sind, wird in Kap. 7 diskutiert werden.

6 Empirische Analyse von Daten für Bundesländer

6.1 Beschreibung des Datensatzes und Ergebnisse von Krämer (1981)

Im Gegensatz zu den beiden in Kap. 4 und 5 untersuchten Datensätzen sind die von Krämer (1979, 1981) zusammengetragenen Daten in ihrer Struktur kein reiner Querschnitt, sondern eine Zeitreihe von Querschnitten der Bundesrepublik über 6 aufeinanderfolgende Jahre, 1970–1975. Beobachtungseinheiten sind die 11 Bundesländer, so daß der Stichprobenumfang n = 66 beträgt.

Das von Krämer (1981) entwickelte „Modell des Marktes für ambulante ärztliche Leistungen" hat zum Ziel, die von allen Kassenärzten ambulant erbrachte Leistungsmenge (d. h. ihren Umsatz) in zwei Schritten zu erklären. Zunächst wird die Anzahl der Behandlungsfälle (auch „Primärnachfrage" oder „Initialfrequenz") aus dem Verhalten der Nachfrager nach Leistungen abgeleitet. Wichtige Bestimmungsfaktoren sind hierbei die Einwohnerzahl und der Altersaufbau der Bevölkerung, die Arbeitslosenquote als Indikator der Arbeitsmarktlage sowie ein Zeittrend. Bei gegebener Primärnachfrage bestimmen dann die Ärzte gemäß ihren Einkommens- und Freizeitpräferenzen ihren Leistungsaufwand. Als Entscheidungsparameter spielen dabei die Anzahl der Ärzte und der Vergütungsquotient eine Rolle.

Da die Anzahl der *Fälle* selbst nicht beobachtet werden kann und das beschriebene Gleichungssystem darüber hinaus rekursive Struktur hat – eine wechselseitige Abhängigkeit zweier Größen tritt nicht auf –, kann man sich ohne Informationsverlust auf die Betrachtung der reduzierten Form der Umsatzgleichung von Krämer (1981, S. 51) beschränken. Sie umfaßt alle in dem betreffenden Datensatz enthaltenen Variablen und hat die folgende Gestalt:

$$U = f(A, PP, VQ, T). \tag{6.1}$$

Hier steht U für den Gesamtumsatz aller Ärzte, A ist die Ärztezahl, PP die Zahl „potentieller Patienten", VQ der kassenärztliche Vergütungsquotient und T eine jährlich um 10% wachsende Trendgröße.[1] Auf die Probleme der Messung dieser Variablen gehen wir im folgenden genauer ein.

Der Umsatz aller Kassenärzte eines Bundeslandes in einem Jahr wird an den jährlichen Ausgaben der gesetzlichen Krankenkassen dieses Landes für ambulante ärztliche Behandlung abgelesen.[2] Dabei werden bei denjenigen Kassen

---

1 Die Entwicklung der oben genannten Größe Arbeitslosenquote im Zeitablauf wird von Krämer (1981) in diese Trendgröße integriert. Unterschiede der Arbeitslosigkeit im Querschnitt werden ignoriert.

2 Auf das damit verbundene Problem der „Versorgungspendler", die im Bundesland A wohnen und versichert sind, aber in Bundesland B ärztliche Leistungen in Anspruch nehmen, macht Krämer (1981, S. 53) aufmerksam. Nach seiner Einschätzung werden durch das beschriebene Meßverfahren insbesondere die Umsätze in den ärztereichen Stadtstaaten Hamburg und Bremen unterschätzt, die in den engrenzenden Ländern Schleswig-Holstein und Niedersachsen überschätzt.

(v. a. Ersatzkassen), die ihre Ausgaben nicht nach Bundesländern getrennt veröffentlichen, die Gesamtausgaben im Verhältnis ihrer Mitgliederzahlen auf die einzelne Länder aufgeteilt. Dieses Verfahren, das auf der impliziten Unterstellung gleichen Konsums ärztlicher Leistungen je Mitglied für diese Kassen beruht, ist aus zweierlei Gründen problematisch. Zum einen ist die genannte Unterstellung wegen der unterschiedlichen Anzahl der mitversicherten Familienangehörigen je Mitglied einer Kasse in den verschiedenen Bundesländern schwer zu rechtfertigen. Gleiche Pro-Mitglied-Ausgaben bedeuten demnach keineswegs gleiche Pro-Kopf-Ausgaben.

Noch gewichtiger ist jedoch der folgende Einwand: Die *Unterschiede* in der Inanspruchnahme ärztlicher Leistungen pro Kopf der Bevölkerung in verschiedenen Regionen, die man ja gerade erklären will, werden erheblich geschmälert, wenn immerhin 35% der Ausgaben – dies war 1972 der Anteil der betroffenen Kassen an den Gesamtausgaben der GKV – gemäß der Annahme *gleicher* Pro-Kopf-Inanspruchnahme aufgeteilt werden. Wir halten die Messung der modellendogenen Variablen daher für nicht genau genug.

Unbefriedigend ist u. E. auch die Konstruktion der Variablen PP, „potentielle Patienten". Diese erhält Krämer (1981) aus der Einwohnerzahl durch Gewichtung aller unter 20jährigen mit dem Faktor 2, der 20- bis 65jährigen mit dem Faktor 3 und der über 65jährigen mit dem Faktor 6. Diese Gewichtung soll die durchschnittliche Häufigkeit von Arztbesuchen widerspiegeln. Jedoch hat die gewählte Form der Gewichtungsfunktion („Treppenfunktion") den Nachteil, daß einem 21jährigen und einem 64jährigen ein gleich hoher Bedarf an ambulanter ärztlicher Behandlung zugesprochen wird, während dieser bei einem 65jährigen sofort auf das Doppelte steigt. Ferner gilt auch hier die in Abschn. 5.1 an der Größe BDINDJE geäußerte Kritik, daß in die Konstruktion einer exogenen Variablen keine Elemente des Erklärungsgegenstands eingehen sollten. Ein Maß für die Altersverteilung selbst wäre hier zweckmäßiger gewesen.

Für die Ärztezahl stehen zwei alternative Maße zur Verfügung: Die Variable A1 mißt die Anzahl aller zugelassenen und berufstätigen Kassenärzte ohne Unterscheidung zwischen Allgemein- und Fachärzten. Da Fachärzte jedoch in der Regel wesentlich höhere Umsätze erwirtschaften, konstruiert Krämer alternativ dazu eine Größe A2, in der die Allgemeinärzte mit 1, die Fachärzte mit 1,5 gewichtet werden. Schließlich ist zu bemerken, daß die Variablen U und VQ alternativ als nominale oder reale (inflationsbereinigte) Größen verwendet werden. Im letzten Fall schreiben wir UR bzw. VQR.

Eine OLS-Schätzung der Gl. (6.1) in realen Größen – nach logarithmischer Transformation aller Variablen – ergibt die folgenden Schätzkoeffizienten und Standardfehler:

$$LUR = 0.698 + 0.690^{**} \, LA1 + 0.278^{*} \, LPP + 1.760 \, LVQR \qquad (6.2)$$
$$(0.816) \quad (0.116) \qquad (0.114) \qquad (1.445)$$

$$+ \, 0.807^{**} \, LT, \quad \overline{R}^2 = 0.980.[1]$$
$$(0.143)$$

---

1 Vgl. Krämer (1981, S. 57), Standardfehler in Klammern nach eigener Berechnung. Das Zeichen * (**) bedeutet, daß der Koeffizient auf dem 95%-(99%-)Niveau signifikant von Null verschieden ist. Das Präfix L (in LUR etc.) bezeichnet den natürlichen Logarithmus der jeweiligen Variablen.

Der Umsatz der Ärzte reagiert demnach sehr viel stärker auf eine 10%ige Zunahme der Ärztezahl als auf eine 10%ige Zunahme der Zahl potentieller Patienten, woraus Krämer (1981, S. 59) eine „überragende Bedeutung der Ärztezahl" für den Umsatz der Ärzte abliest.

Auffällig an dem Schätzergebnis ist vor allem der sehr hohe Wert des Bestimmtheitsmaßes. Dieser erklärt sich jedoch aus der Tatsache, daß hier mit absoluten Größen gerechnet wird. Daß die Anzahl der Ärzte und die Einwohnerzahl gemeinsam den größten Teil der Varianz des Gesamtumsatzes aller Ärzte erklären, überrascht nicht, da die 11 Bundesländer als Beobachtungen dienen, die bekanntlich sehr unterschiedlich groß sind. So hatte während des Untersuchungszeitraums 1970–75 das Land Bremen rund 730000 Einwohner, Nordrhein-Westfalen jedoch mehr als 17 Millionen, als das 23fache.

6.2 Anwendung unseres Schätzmodells

Da die in Gl. (6.2) wiedergegebenen Schätzergebnisse von Krämer bezüglich der Erklärung der Arztausgaben wesentlich von unseren in Kap. 4 und 5 dargestellten abweichen, erhebt sich die Frage, ob hierfür die Unterschiede in den ökonometrischen Ansätzen verantwortlich sind oder ob eine strukturelle Instabilität des untersuchten Zusammenhangs vorliegt, die sich in unterschiedlichen empirischen Beziehungen zwischen den Modellvariablen in verschiedenen Datensätzen äußert.

Um dieser Frage nachzugehen, wollen wir unser in Abschn. 4.1.3 entwickeltes Schätzmodell auf den Datensatz für Bundesländer anwenden, um die Schätzungen vergleichbar zu machen. Mehr noch als im Datensatz für Abrechnungsbezirke (Kap. 5) stehen hier die Art der vorhandenen Daten und ihre Meßprobleme einer exakten Übertragung unseres Modells entgegen. Es fehlen fast alle Größen, die zu einer systematischen Erklärung der Variation des Arztangebots erforderlich wären (vgl. 3.2.1). Somit müssen wir, der Vorgehensweise Krämers folgend, die Arztdichte als exogen spezifizieren und können lediglich die Arztausgabengleichung schätzen.

Auch die in Abschn. 6.1 diskutierten Mängel der Datenqualität bei den Variablen U (Umsatz) und PP (potentielle Patienten) müssen wir in Kauf nehmen, da eine gesonderte Erhebung der tatsächlichen Arztumsätze und der Altersstruktur der Bevölkerung undurchführbar oder zumindest zu aufwendig wäre. Mit entsprechender Vorsicht sind die Ergebnisse der Schätzungen in diesem Kapitel zu interpretieren.

Der wesentliche Unterschied zwischen unserer Betrachtungsweise in den vorangegangenen Kapiteln und Krämers Ansatz besteht darin, daß unsere Hypothesen und empirische Aussagen sich nicht auf Absolutwerte, sondern auf Pro-Kopf-Größen beziehen. So interessieren wir uns im Hinblick auf die „Angebotsinduziertheit der Nachfrage nach ärztlichen Leistungen" für die Frage: Hat die Arztdichte einen positiven Einfluß auf den Umfang ärztlicher Leistungen je Einwohner?

Um die oben beschriebenen Bundesländerdaten zur Beantwortung dieser Fragestellung verwenden zu können, erheben wir für die 66 Beobachtungen die Einwohnerzahl (BEV) und konstruieren mit ihrer Hilfe die entsprechenden Pro-Kopf-Größen „realer Leistungsumfang pro Kopf" (URKOPF) und „Arztdichte" (ADICHT):

$$\text{URKOPF} = \text{UR}/\text{BEV} \qquad\qquad (6.3)$$
$$\text{ADICHT} = \text{A1}/\text{BEV}. \qquad\qquad (6.4)$$

Des weiteren definieren wir einen Index für die Altersstruktur der Bevölkerung (BEDARF) als Quotienten zwischen der nach Krämers Methode gewichteten und der ungewichteten Einwohnerzahl:

$$\text{BEDARF} = \text{PP}/\text{BEV}. \qquad\qquad (6.5)$$

Die Reihen A1 und A2 ermöglichen es uns, den prozentualen Facharztanteil (FAANTP) wie folgt zu rekonstruieren:

$$\text{FAANTP} = 100 \cdot 2\,(\text{A2}-\text{A1})/\text{A1}. \qquad\qquad (6.6)$$

Die in Pro-Kopf-Größen ausgedrückte und, wie beschrieben, modifizierte Schätzgleichung für den Datensatz für Bundesländer lautet demnach:

$$\text{URKOPF} = \text{f}\,(\text{ADICHT}, \text{FAANTP}, \text{BEDARF}, \text{VQR}, \text{T}). \qquad\qquad (6.7)$$

Zunächst ist die funktionale Form des Zusammenhangs in Gl. (6.7) zu klären. Die Box-Cox-Prozedur weist hierzu eine Überlegenheit der logarithmischen Funktionsform aus,[1] d. h. die Beziehung f zwischen den Ausgangsvariablen wird als multiplikative Verknüpfung gedeutet. Die von uns zu schätzende Gleichung lautet daher ausführlich:

$$\text{LURKOPF}_{it} = \beta^0 + \beta^1\,\text{LADICHT}_{it} + \beta^2\,\text{LFAANTP}_{it} \qquad (6.8)$$
$$+ \ \beta^3\,\text{LBEDARF}_{it} + \beta^4\,\text{LVQR}_{it} + \beta^5\,\text{LT}_{it} + u_{it}$$
$$(i = 1, \ldots, 11;\ t = 1970, \ldots, 1975),$$

wobei β^0 bis β^5 die zu schätzenden Parameter sind und u_{it} der Störterm für das i-te Bundesland im Jahr t. Die Besonderheiten einer Zeitreihe von Querschnitten werden zunächst ignoriert, und Gl. (6.8) wird mit der gewöhnlichen Methode der kleinsten Quadrate geschätzt. Die Schätzkoeffizienten, die gleichzeitig als Elastizitäten interpretierbar sind, und ihre Standardfehler sind in Gl. (6.9) angegeben:

$$\text{LURKOPF} = \ -1{,}021 \ + \ 1{,}074^{**}\,\text{LADICHT} \ + \ 0{,}964^{**}\,\text{LFAANTP} \qquad (6.9)$$
$$(0{,}681) \quad (0{,}125) \qquad\qquad\quad (0{,}122)$$
$$-3{,}781^{**}\,\text{LBEDARF} \ + \ 3{,}420^{**}\,\text{LVQR} \ + \ 0{,}766^{**}\,\text{LT},$$
$$(0{,}651) \qquad\qquad (1{,}005) \qquad\quad (0{,}100)$$
$$R^2 = 0{,}8399.$$

Der von Krämer (1981) behauptete starke Einfluß des Arztangebots wird auch in dieser Pro-Kopf-Spezifikation auf den ersten Blick eindrucksvoll bestätigt: Die Elastizität der Inanspruchnahme bezüglich der Arztdichte liegt nahe 1, dem Wert für vollkommene Angebotsinduziertheit der Nachfrage, und auch der Facharztanteil spielt mit einer Elastizität von 0,96 eine numerisch bedeutende Rolle.

---

1 Die Summe der quadrierten Abweichungen der nach dem Box-Cox-Verfahren transformierten Schätzgleichung beträgt 0,528 in der linearen und 0,494 in der logarithmischen Version.

Zweifel an dieser Schätzung treten jedoch auf, wenn man den Koeffizienten der Altersstrukturvariablen BEDARF betrachtet, der hochsignifikant negativ ist: Bei gleicher Arztdichte wären danach die Arztausgaben pro Kopf umso geringer, je größer der Altersstrukturindex ist. Dies legt die Vermutung nahe, daß die Variable BEDARF nicht das mißt, was sie eigentlich messen sollte, oder daß eine andere Form von Fehlspezifikation vorliegt. In der Tat ist die Konstruktion der Variablen PP – und damit wegen Gl. (6.5) BEDARF – aus den unter 6.1 diskutierten Gründen unbefriedigend.

Ein Blick auf die einfachen Korrelationskoeffizienten zwischen den Modellvariablen (vgl. Tabelle 6.1) offenbart zudem, daß die Variablen ADICHT und BEDARF sehr stark korreliert sind (r = 0,86). Dies hat zur Folge, daß ihre gegenläufigen Einflüsse auf die endogene Variable betragsmäßig nach oben verzerrt sein können.

Tabelle 6.1.　Einfache Korrelationskoeffizienten der Modellvariablen in Gl. (6.7)

ADICHT	FAANTP	BEDARF	VϱR	T	
0,67**	0,72**	0,47**	-0,33**	0,52**	URKOPF
	0,53**	0,86**	-0,08	0,10	ADICHT
		0,55**	-0,21	0,30*	FAANTP
			0,01	0,10	BEDARF
				-0,74**	VϱR

Um zu überprüfen, in welchem Maße das Schätzergebnis in Gl. (6.9) durch Multikollinearität beeinflußt wurde, führen wir eine „Ridge-Regression" (vgl. Maddala 1977, S. 192, S. 384) durch. Hierbei wird der Vektor der Schätzkoeffizienten durch die Formel

$$\hat{\beta}_k = (X'X + kI)^{-1} X'y \qquad (6.10)$$

berechnet, wobei y der Vektor der endogenen Variablen, X die Matrix der exogenen Variablen, I die Einheitsmatrix und k eine nichtnegative Zahl ist. Für k = 0 fällt Gl. (6.10) mit der oben dargestellten OLS-Schätzung zusammen. Ändern sich die Schätzkoeffizienten bereits bei sehr kleinen Werten von k erheblich, so kann man daraus schließen, daß die OLS-Schätzung wesentlich durch Multikollinearität geprägt wurde.

Tabelle 6.2 faßt die Koeffizienten der Schätzungen von Gl. (6.10) für verschiedene Werte von k zwischen 0 und 1 zusammen. Wir erkennen, daß der Koeffizient der Variablen LBEDARF (ebenso wie der von LVQR) betragsmäßig sehr rasch schrumpft: bereits bei k = 0,1 auf weniger als 20% seines Werts in der OLS-Version. Dieses Ergebnis bestätigt die Zweifel an der Glaubwürdigkeit des in Gl. (6.9) gefundenen signifikant negativen Einflusses der Altersstrukturvariablen auf die Leistungsmenge. Dagegen bleiben die Koeffizienten der Variablen LADICHT, LFAANTP und LT relativ robust gegenüber der Addition der k-

Tabelle 6.2. Schätzkoeffizienten der Inanspruchnahmegleichung in der Ridge-Regression

Abhängige Variable: LURKOPF

Unabhängige Variable	Schätzkoeffizient $\hat{\beta}_k$				
	$k=0$	$k=0,1$	$k=0,2$	$k=0,5$	$k=1$
LBEDARF	$-3,781$	$-0,662$	$-0,336$	$-0,076$	$0,025$
LADICHT	$1,075$	$0,601$	$0,544$	$0,476$	$0,423$
LFAANTP	$0,964$	$0,616$	$0,539$	$0,473$	$0,446$
LVQR	$3,412$	$-0,009$	$-0,035$	$-0,021$	$-0,008$
LT	$0,766$	$0,453$	$0,428$	$0,416$	$0,422$
Const.	$-1,020$	$-0,386$	$-0,220$	$-0,059$	$0,013$

fachen Einheitsmatrix und behalten noch bei $k = 1$ mehr als 40% ihrer Werte in der OLS-Schätzung.

Wir können daher folgern, daß die OLS-Schätzung der Inanspruchnahmegleichung in Pro-Kopf-Größen den von Krämer (1981) gefundenen hochsignifikanten Einfluß des Arztangebots auf die Arztaufgaben bestätigt. Die Altersstruktur der Bevölkerung spielt demgegenüber, soweit sie in der Variablen BEDARF erfaßt ist, anscheinend keine Rolle.

6.3 Berücksichtigung der Pooled-sample-Eigenschaften

Die OLS-Schätzung läßt jedoch die Tatsache unberücksichtigt, daß es sich bei der zugrundeliegenden Stichprobe um eine Zeitreihe von Querschnitten („pooled sample") handelt und daher bestimmte Abhängigkeiten zwischen den Störgrößen vermutet werden können. In der ökonometrischen Literatur sind verschiedene Methoden vorgeschlagen worden, die dieser speziellen Situation Rechnung tragen. Von diesen werden wir die folgenden 4 auf den vorliegenden Datensatz anwenden:

1. die Einbeziehung von Dummyvariablen für die Regionen,
2. die Spezifikation der Gleichung in Form von zeitlichen Änderungen der Modellvariablen,
3. die Spezifikation der Gleichung in Form von zeitlichen Änderungen zweiten Grades der Modellvariablen,
4. die „Aitken-Schätzung" der Gleichung.

Die Begründung der jeweiligen Ansätze und das Verfahren zur Bestimmung der Schätzkoeffizienten werden im folgenden näher erläutert, und die Schätzergeb-

nisse für die entsprechenden Modifikationen unserer Ausgangsgleichung (6.7)
werden vorgestellt.

Zu 1): Ergänzt man die rechte Seite von Gl. (6.8) um je eine Dummyvariable für
10 der 11 regionalen Einheiten, so unterstellt man damit, daß der Wirkungszusammenhang überall derselbe ist (gleiche Koeffizienten der unabhängigen Variablen), jedoch unterschiedliche Niveaus (Ordinatenabschnitte) der abhängigen
Variablen vorliegen können. Diese Vorgehensweise bietet sich v. a. dann an,
wenn die Zahl der Beobachtungen je Region (hier nur 6) zu klein ist, um zu
testen, ob die Koeffizienten tatsächlich in allen Regionen identisch sind (vgl.
Maddala 1977, S. 326). Die Schätzergebnisse für die derart modifizierte Gl. (6.8)
lauten:

$$
\begin{aligned}
\text{LURKOPF} = \ &1{,}702 \ + \ 0{,}384 \ \text{LADICHT} + \ 0{,}154 \ \text{LFAANTP} && (6.11)\\
&(0{,}850) \quad (0{,}334) \qquad\qquad (0{,}165)\\[4pt]
&+ \ 0{,}734 \ \text{LBEDARF} + \ 1{,}516^* \ \text{LVQR} + \ 0{,}782^* \ \text{LT}\\
&\quad (0{,}859) \qquad\qquad (0{,}630) \qquad\quad (0{,}071)\\[4pt]
&+ \ 0{,}435^{**} \ \text{DHA} + 0{,}180^{**} \ \text{DNS} + 0{,}439^{**} \ \text{DBR} + 0{,}315^{**} \ \text{DNW}\\
&\quad (0{,}134) \qquad\quad (0{,}039) \qquad\quad (0{,}069) \qquad\quad (0{,}044)\\[4pt]
&+ \ 0{,}249^{**} \ \text{DHE} + 0{,}156^{**} \ \text{DRP} + 0{,}308^{**} \ \text{DBW} + 0{,}136^{**} \ \text{DBY}\\
&\quad (0{,}037) \qquad\quad (0{,}037) \qquad\quad (0{,}040) \qquad\quad (0{,}037)\\[4pt]
&+ \ 0{,}257^{**} \ \text{DSA} + 0{,}142 \ \text{DBE}, \qquad \overline{R}^2 = 0{,}9541.\\
&\quad (0{,}078) \qquad\quad (0{,}126)
\end{aligned}
$$

Hierbei stehen die Dummyvariablen DHA, DNS, DBR, DNW, DHE, DRP,
DBW, DBY, DSA und DBE für die Bundesländer Hamburg, Niedersachsen,
Bremen, Nordrhein-Westfalen, Hessen, Rheinland-Pfalz, Baden-Württemberg,
Bayern, Saarland und Berlin; Schleswig-Holstein ist die ausgelassene Kategorie.
Bei einem Vergleich der Schätzergebnisse aus Gl. (6.9) und (6.11) fällt auf, daß
die Güte der Anpassung nach Einbeziehung der Dummyvariablen noch wesentlich gestiegen ist. Einen großen Teil der Variation in der abhängigen Variablen
erklären nach dieser Schätzung die bundeslandspezifischen Inanspruchnahme-
niveaus: Die Koeffizienten von 9 der 10 Dummyvariablen sind hochsignifikant
positiv, d. h. die betreffenden Bundesländer (mit Bremen und Hamburg an der
Spitze) haben, verglichen mit Schleswig-Holstein, eindeutig höhere Arztausgaben pro Kopf, die *nicht* allein auf Unterschiede in den 5 erklärenden Variablen
der Schätzgleichung (6.7) zurückgehen.
Deren Schätzkoeffizienten haben sich gegenüber der Spezifikation in Gl. (6.8)
drastisch verändert. Die geschätzten Elastizitäten der Arztdichte und des
Facharztanteils sind auf 0,38 bzw. 0,15 gesunken, bei der Alterstrukturvariablen
LBEDARF hat sich sogar das (vorher nicht plausible) Vorzeichen umgekehrt.
Keine der 3 genannten Variablen ist in dieser Version noch signifikant, da die
Standardfehler z. T. stark angewachsen sind (bei der Arztdichte auf fast das
3fache).
Unbefriedigend an diesem Ergebnis ist, daß es wenig zur eigentlichen Erklärung
des Untersuchungsgegenstands beiträgt. Der Hinweis auf bundeslandspezifische
Niveauunterschiede läßt die Frage unbeantwortet, worauf diese denn nun beru-

hen, wenn nicht auf Diskrepanzen im Arztangebot oder in der Altersstruktur der Bevölkerung. Durch diese Schätzung werden keine neuen Kausalzusammenhänge aufgedeckt und somit das Verständnis für die Ursachen der Unterschiede in der Inanspruchnahme ärztlicher Leistungen nicht gefördert.

Zu 2): Verantwortlich für die mangelnde Genauigkeit der geschätzten Einflüsse der uns am meisten interessierenden Variablen ADICHT, FAANTP und BEDARF in Gl. (6.11) ist ihre hohe Korreliertheit mit den Bundesländerdummys: So weist die Arztdichte im Querschnitt starke Unterschiede auf, ist aber in den einzelnen Ländern über die Zeit relativ stabil geblieben. Für die Schätzgleichung (6.8) bedeutet dies, daß der Ordinatenabschnitt β^0 in Wahrheit kein fester Parameter ist, sondern eine Zufallsvariable, die mit den unabhängigen Variablen dieser Gleichung korreliert ist. Will man die Ursachen für diese Kollinearität beseitigen und präzisere Schätzungen für die Parameter β^1 bis β^5 erhalten, so ist es wünschenswert, β^0 auf geeignete Weise aus der Schätzgleichung zu eliminieren.

Maddala (1977, S. 326) schlägt hierzu vor, die Differenz von Gl. (6.8) für 2 aufeinanderfolgende Perioden t-1 und t zu bilden. Dadurch entsteht eine neue Schätzgleichung, die die *Änderungen* der abhängigen Variablen über die Zeit durch die *Änderungen* der unabhängigen Variablen erklärt. Bezeichnet man mit dem Symbol Lx' die zeitliche Änderung einer logarithmierten Variablen x (x = URKOPF, ADICHT, FAANTP, BEDARF, VQR, T), so daß

$$Lx'_{it} = Lx_{it} - Lx_{i,\,t-1} \;(i = 1, \ldots, 11; \quad t = 1971, \ldots, 1975), \qquad (6.12)$$

so wird Gl. (6.8) durch die Differenzenbildung wie folgt transformiert:

$$
\begin{aligned}
LURKOPF'_{it} \;=\; &\beta^1 LADICHT'_{it} + \beta^2 LFAANTP'_{it} + \beta^3 LBEDARF'_{it} \qquad (6.13)\\
&+ \beta^4 LVQR'_{it} + \beta^5 LT'_{it} + z_{it}\\
&(i = 1, \ldots, 11; \; t = 1971, \ldots, 1975),
\end{aligned}
$$

mit

$$z_{it} = u_{it} - u_{i,\,t-1} \qquad (6.14)$$

Nach Maddala (1977) kann bezüglich der neuen Störterme z_{it} Unkorreliertheit angenommen werden, so daß Gl. (6.13) mit OLS geschätzt werden kann. Zu beachten ist allerdings, daß Gl. (6.13) keinen Ordinatenabschnitt enthält und daher das Verfahren der homogenen Regression anzuwenden ist. Die Schätzung ergibt

$$
\begin{aligned}
LURKOPF' \;=\; &0{,}934^{*}\, LADICHT' + 0{,}204\, LFAANTP' \qquad (6.15)\\
&\;\;(0{,}409) \qquad\qquad\;\; (0{,}200)\\[4pt]
&+ 0{,}794\, LBEDARF' + 0{,}801\, LVQR'\\
&\;\;(0{,}982) \qquad\qquad\; (0{,}617)\\[4pt]
&+ 0{,}706^{**}\, LT', \quad R^2 = 0{,}6337.^{[1]}\\
&\;\;(0{,}124)
\end{aligned}
$$

---

[1] Das Bestimmtheitsmaß ist bei der homogenen Regression anders definiert als bei der inhomogenen: Die Varianz der abhängigen Variablen wird ersetzt durch deren Quadratsumme, es wird also keine Korrektur um den Mittelwert vorgenommen (vgl. Maddala 1977, S. 108). Ein um die Zahl der Freiheitsgrade korrigiertes Bestimmtheitsmaß für den homogenen Fall ist in der uns bekannten Literatur nicht vorgeschlagen worden.

In dieser Spezifikation ist der Arztdichtekoeffizient ebenso wie in der OLS-Schätzung, Gl. (6.9), annähernd 1 und trotz des viel größeren Standardfehlers signifikant von Null verschieden. Gegenüber Gl. (6.9) stark gesunken und nicht mehr signifikant sind dagegen die Koeffizienten des Facharztanteils und des Vergütungsquotienten. Die Variable LBEDARF hat wie in Gl. (6.11) das „richtige" Vorzeichen, ist aber insignifikant. Den größten Beitrag zur Erklärung der Variation der abhängigen Variablen liefert jedoch die Trendvariable LT, deren Koeffizient gegenüber den Schätzungen in Gl. (6.9) und (6.11) fast unverändert und weiterhin hochsignifikant von Null verschieden ist. Ohne ihre Einbeziehung würde R^2 um mehr als ein Drittel auf 0,396 sinken.

Insgesamt ist die Güte der Anpassung gegenüber der Schätzung mit Bundesländerdummys, Gl. (6.11), stark zurückgegangen. Dies legt die Vermutung nahe, daß regionale Besonderheiten, die nicht in den hier einbezogenen Variablen erfaßt werden konnten, einen erheblichen Teil der Varianz der Arztausgaben verursachten.

Zu 3): Ein Problem, das bei den meisten Zeitreihenstudien auftritt, ist das Vorliegen eines exogenen Trends in allen betrachteten Größen, der die Kausalzusammenhänge zwischen diesen überlagert. Er macht sich auch in diesem Datensatz bemerkbar, da – wie bereits gesehen – die Trendvariable LT als einzige in allen 3 bisher untersuchten Spezifikationen einen stabilen und hochsignifikanten von Null verschiedenen Koeffizienten aufweist. Da die Feststellung eines Zeittrends noch keine inhaltliche Begründung der Entwicklung der zu erklärenden Variablen darstellt, ist es wünschenswert, die Variablenwerte von Trendkomponenten zu bereinigen. Unterstellt man eine polynomiale Form des Trends in einer bestimmten Variablen y, nämlich

$$y_t = a + bt + ct^2 + \ldots + u_t, \tag{6.16}$$

so genügt zur Eliminierung eines Trends m-ter Ordnung die Betrachtung der $(m + 1)$ten Differenzen der Variablen (vgl. Leiner 1982, S. 33f.). Da wir es hier mit sehr kurzen Zeitreihen von jeweils nur 6 Beobachtungen zu tun haben, ist der durch die Differenzbildung entstehende Verlust von Freiheitsgraden erheblich. Wir beschränken uns daher auf die Analyse von Differenzen zweiten Grades in den Modellvariablen,

$$Lx''_{it} = Lx'_{it} - Lx'_{i,\,t\text{-}1}\;(i = 1, \ldots, 11;\; t = 1972, \ldots, 1975) \tag{6.17}$$

mit Lx' aus Gl. (6.12), wodurch ein linearer Trend beseitigt wird. Die Trendvariable T selbst fällt dabei aus der Gleichung heraus, da aufgrund ihrer Konstruktion (konstante Zuwachsrate) die zweite zeitliche Änderung ihres Logarithmus den Wert Null hat. Das Schätzergebnis für die neue Gleichung, die ansonsten völlig analog zu Gl. (6.13) aufgebaut ist, lautet

$$\begin{aligned}
\text{LURKOPF}'' = &\;1{,}079^*\,\text{LADICHT}'' + 0{,}495\,\text{LFAANTP}'' \\
&\;(0{,}513) \qquad\qquad\quad (0{,}275) \\[4pt]
&+ 0{,}562\,\text{LBEDARF}'' - 0{,}457\,\text{LVQR}'', \quad R^2 = 0{,}1998. \\
&\;(1.341) \qquad\qquad\quad (0{,}719)
\end{aligned} \tag{6.18}$$

Der Arztdichteeinfluß in dieser trendbereinigten Spezifikation ist wiederum signifikant positiv und der Schätzwert nahe 1. Die Schätzung der Einflüsse aller übrigen Variablen ist jedoch wegen großer Standardfehler sehr ungenau, und die

Güte der Anpassung mit R^2 um 0,2 sehr schwach. Daraus läßt sich schließen, daß die in den vorherigen Schätzungen festgestellte hohe Korrelation zwischen den exogenen und der endogenen Variablen zum größten Teil auf das Vorliegen paralleler Trends zurückgeht. Diese Beobachtung steht dann nicht im Widerspruch zu den bisher gezogenen Schlußfolgerungen, falls begründet werden kann, daß der Trend in den exogenen Variablen den in der endogenen Größe verursacht hat. Festzuhalten bleibt jedoch, daß *Abweichungen* vom Trend in den Arztausgaben nur zu einem geringen Teil durch Abweichungen vom Trend in den hier berücksichtigten Bestimmungsfaktoren Arztdichte, Facharztanteil, Altersstruktur und Vergütungsquotient erklärt werden können.

Zu 4): Neben den 3 zuletzt genannten ökonometrischen Ansätzen kann die erwähnte spezielle Struktur der Störglieder auch explizit berücksichtigt werden, indem man den von Balestra u. Nerlove (1966, S. 594f.) vorgeschlagenen Error components-Ansatz verwendet, wie dies auch Krämer (1981) getan hat. Danach setzt sich der Störterm der t-ten Beobachtung (Periode) in der i-ten Region additiv aus einer individuellen und einer regionsspezifischen Komponente zusammen:

$$u_{it} = v_i + w_{it} \quad \text{für} \quad i = 1, \ldots, 11; \; t = 1970, \ldots, 1975. \tag{6.19}$$

Es gelten die Annahmen

$$E\,(v_i w_{it}) \;=\; 0 \qquad\qquad \text{für alle i, t;} \tag{6.20}$$

$$E\,(w_{it} w_{js}) \;=\; \left\{ \begin{array}{ll} 0 & \text{für } i \neq j, \; t \neq s \\ \sigma_w^2 & \text{für } i = j, \; t = s \end{array} \right. \tag{6.21}$$

$$(i,\, j = 1, \ldots, 11; \; t,\, s = 1970, \ldots, 1975).$$

$$E\,(v_i v_j) \;=\; \left\{ \begin{array}{ll} 0 & \text{für } i \neq j \; (i,\, j = 1, \ldots, 11) \\ \sigma_v^2 & \text{für } i = j. \end{array} \right. \tag{6.22}$$

Die entsprechende Varianz-Kovarianz-Matrix des Residuenvektors u lautet dann:

$$E\,(uu') = \Omega = \sigma^2 \begin{pmatrix} A & 0 & \cdots & 0 \\ 0 & A & \cdots & 0 \\ \cdot & \cdot & & \cdot \\ \cdot & \cdot & & \cdot \\ \cdot & \cdot & & \cdot \\ 0 & 0 & \cdots & A \end{pmatrix} \tag{6.23}$$

mit

$$A = \begin{pmatrix} 1 & \varrho & \varrho & \cdots & \varrho \\ \varrho & 1 & \varrho & \cdots & \varrho \\ \cdot & \cdot & & & \cdot \\ \cdot & \cdot & & & \cdot \\ \cdot & \cdot & & & \cdot \\ \varrho & \varrho & \varrho & \cdots & 1 \end{pmatrix} \tag{6.24}$$

und

$$\sigma^2 \;=\; \sigma_v^2 + \sigma_w^2, \tag{6.25}$$

$$\varrho \;=\; \sigma_v^2 / \sigma^2. \tag{6.26}$$

Für die praktische Anwendung dieses Modells, d. h. die Schätzung von Gl. (6.8) mit Hilfe der verallgemeinerten Methode der kleinsten Quadrate (GLS oder „Aitken-Schätzung") ist es erforderlich, einen konsistenten Schätzwert für den unbekannten Parameter ϱ, den regionsspezifischen Anteil an der Gesamtvarianz der Störterme zu erhalten. Diesen kann man anhand einer bei Schönfeld (1969, S. 218) angegebenen Formel aus den Residuen einer OLS-Schätzung der ursprünglichen Gleichung gewinnen.

Unsere Berechnung ergibt für ϱ einen Schätzwert von 0,498. Setzt man diesen in die in Gl. (6.23) definierte Varianz-Kovarianz-Matrix der Störterme ein, so erhält man als GLS-Schätzung von Gl. (6.8)

$$\text{LURKOPF} = -\underset{(0,818)}{0,403} + \underset{(0,085)}{1,054^{**}\,\text{LADICHT}} + \underset{(0,085)}{0,920^{**}\,\text{LFAANTP}} \quad (6.27)$$

$$-\underset{(0,453)}{3,597^{**}\,\text{LBEDARF}} + \underset{(0,139)}{0,673^{**}\,\text{LT}} + \underset{(1,247)}{1,564\,\text{LVQR}},$$

$$\overline{R}^2 = 0,8299.$$

Bis auf den Vergütungsquotienten, dessen geschätzter Einfluß in den alternativen Spezifikationen ohnedies stark schwankt, haben alle Variablen gegenüber der OLS-Schätzung in Gl. (6.9) fast unveränderte Koeffizienten. Es verbleibt demnach auch das Problem des nicht plausiblen Effekts der Altersstrukturvariablen LBEDARF.

6.4 Wertung der Ergebnisse für den Arztdichteeinfluß

Von den unter 6.2 und 6.3 diskutierten 5 verschiedenen ökonometrischen Ansätzen zur Ermittlung und Quantifizierung der Bestimmungsgründe für die Arztausgaben pro Kopf lieferten 4 Schätzgleichungen – Gl. (6.9), (6.15), (6.18) und (6.27) – einen erheblichen Einfluß der Variablen „Arztdichte" mit Schätzwerten für die Elastizität, die nicht signifikant vom Idealwert 1 abweichen. Hierbei sind allerdings andere Einflußgrößen der Inanspruchnahme (Altersstruktur der Bevölkerung, Vergütungsquotient und ein Zeittrend) kontant gehalten.

Im Sinne unseres theoretischen Modells in Abschn. 2.4.2 ist auch hier wieder zu prüfen, ob eine Elastizität von 1, d. h. Proportionalität für den einfachen Zusammenhang zwischen Arztdichte und Inanspruchnahme gilt. Wir wählen wieder die Version der Arztdichtevariablen, in die Allgemeinärzte mit dem Faktor 1, Fachärzte mit 1,5 eingehen, nämlich

$$\text{ADICHTM} = A2 / \text{BEV}. \quad (6.28)$$

Für den Datensatz als Ganzes kann die Hypothese der Proportionalität aufgrund der Koeffizienten in Zeile 1 von Tabelle 6.3 nicht abgelehnt werden. Die Elastizität der Inanspruchnahme bezüglich der Arztdichte weicht nicht signifikant von 1 ab, und in der linearen Version ist der Ordinatenabschnitt nicht signifikant von Null verschieden. Allerdings liegt das Durbin-Watson-Prüfmaß außerhalb des kritischen Bereichs und zeigt damit positive Autokorrelation (vgl. Schönfeld 1969, S. 231), d. h. einen nichtlinearen Zusammenhang an.

Tabelle 6.3. Regressionsergebnisse für den (einfachen) Zusammenhang zwischen Arztdichte und Arztausgaben

Funktionsform		Linear		Logarithmisch	
		Schätzkoeffizient (Standardfehler)		Schätzkoeffizient (Standardfehler)	
Unabhängige Variable		Const.	ADICHTM	Const.	ln ADICHTM
Testbereich	n				
1 Insgesamt	66	21,08 (12,09)	8,57 (1,08)	2,80 ** (0,26)	0,809 ** (0,109)
		(Durbin-Watson = 1,36)			
2 ADICHTM<10	28	65,02 (51,35)	3,80 (5,55)	3,94 ** (1,13)	0,294 (0,508)
3 ADICHTM>10	38	19,14 (21,12)	8,74 ** (1,69)	2,69 ** (0,42)	0,854 ** (0,168)
4 ADICHTM<11	46	55,50 * (27,14)	4,83 (2,77)	3,58 ** (0,60)	0,455 (0,264)
5 ADICHTM>11	20	90,32 (45,80)	3,94 (3,27)	4,14 ** (0,83)	0,312 (0,315)

Ferner offenbart ein Blick auf die Punktwolke der Beobachtungen in Abb. 6.1, daß die Abweichungen der tatsächlichen Werte von der Regressionsgeraden doch erheblich sind, so daß eine strenge Proportionalität nicht behauptet werden kann. Bei ein und demselben Wert der modifizierten Arztdichte ADICHTM lassen sich beträchtliche Unterschiede in der Inanspruchnahme pro Kopf beobachten – eine Feststellung, die sowohl an Rationierung als auch an der Erreichung eines konstanten Zieleinkommens durch jeden Arzt zweifeln läßt.
Auch die Zerlegung des Datensatzes in zwei Teilstichproben „hoher" bzw. „niedriger" Arztdichte liefert keine eindeutige Antwort auf die Frage, welcher dieser beiden Fälle eher vorgelegen haben mag. Zieht man den Trennungsstrich bei einer (modifizierten) Arztdichte von 10, so wird der Arztdichtekoeffizient mit

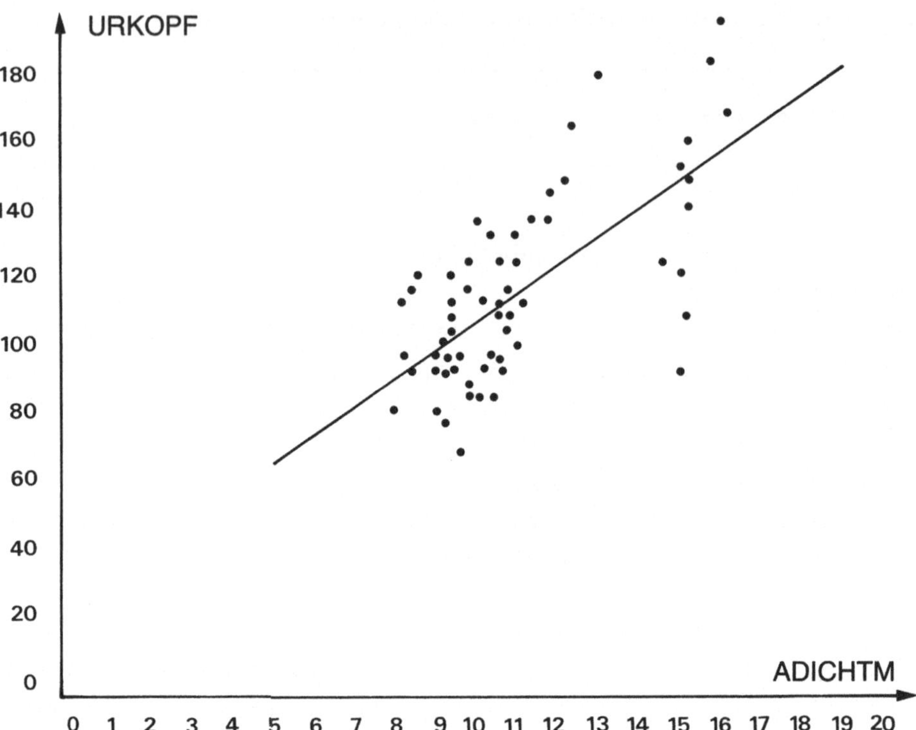

Abb. 6.4.   Regressionsgerade für die Beziehung zwischen modifizierter Arztdichte und Inanspruchnahme aus Tabelle 6.3, Zeile 1

zunehmender Arztdichte größer, und Proportionalität scheint nur im oberen Bereich zu herrschen. Dies wäre mit künstlicher Nachfrageschaffung vereinbar. Unterteilt man dagegen erst bei ADICHTM = 11, so ist das Ergebnis nicht mehr so klar, denn danach flacht die Inanspruchnahmekurve mit zunehmender Arztdichte sogar ein wenig ab.

Es ist daher u. E. für diesen Datensatz nicht eindeutig zu beurteilen, auf welche(n) der in Abschn. 2.4.1 beschriebenen 4 Mechanismen (umgekehrte Kausalität – Rationierung – Zeitpreiseffekt – künstliche Nachfrageschaffung) der in der multiplen Regressionsanalyse festgestellte Verfügbarkeitseffekt zurückgeht. Eine abschließende Wertung kann erst in der Zusammenschau der Ergebnisse aus allen 3 Datensätzen in Abschn. 7.1 gezogen werden.

7 Zusammenfassung der Ergebnisse und Schlußfolgerungen

7.1 Vergleich der Schätzergebnisse für den Einfluß der Anbieter auf die Nachfrage nach ambulanten ärztlichen Leistungen

Ob die Inanspruchnahme ambulanter ärztlicher Leistungen in nennenswertem Umfang durch das Arztangebot beeinflußt wird, ist eine in der gesundheitsökonomischen Literatur heftig diskutierte Frage.[1] Eine der Zielsetzungen dieser Arbeit ist es, die Gültigkeit der These von der Angebotsinduziertheit der Nachfrage nach ärztlichen Leistungen für die Versicherten der gesetzlichen Krankenkassen in der Bundesrepublik Deutschland in systematischer Weise zu überprüfen.

Dazu wurden Daten aus verschiedenen Zeiträumen und mit unterschiedlichen geographischen Abgrenzungen herangezogen, um einen möglichst breiten Ausschnitt aus der Realität zu erfassen. 2 der 3 in dieser Arbeit verwendeten Datensätze waren – allerdings mit anderen ökonometrischen Ansätzen – bereits von anderen Autoren untersucht worden. Sowohl Borchert (1980) für die Daten aus 54 Abrechnungsbezirken als auch Krämer (1981) für die Bundesländerdaten schlossen aus ihren ökonometrischen Schätzungen auf die Richtigkeit der Induzierungshypothese.

Unsere Analyse derselben Datensätze in Kap. 5 und 6 bestätigt diese Ergebnisse in der Grundtendenz, auch wenn deutliche Unterschiede in den Schätzkoeffizienten im einzelnen auftreten. Abweichend davon fanden wir allerdings in dem dritten untersuchten Datensatz, dem für Stadt- und Landkreise Baden-Württembergs (Kap. 4), *keinen* signifikanten Einfluß der Arztdichte auf die Inanspruchnahme ärztlicher Leistungen.

Die Ergebnisse der multiplen Regressionsanalyse aller 3 Datensätze sind in Tabelle 7.1 gegenübergestellt. Im folgenden wollen wir eine Interpretation dieser Resultate vornehmen und überprüfen, ob sie miteinander in Einklang gebracht werden können.

Während man aus den Bundesländerdaten eine vollständige Angebotsinduzierung ableiten kann – die Auslastung der Ärzte bleibt auch bei steigender Arztdichte konstant – und aus den Daten für Abrechnungsbezirke eine geringe, ist aus den Stadt- und Landkreisdaten keine Angebotsinduzierung nachzuweisen. Diese Diskrepanz in den Ergebnissen scheint auf strukturelle Instabilität des zugrundeliegenden „wahren" Zusammenhangs hinzudeuten.

Diese Instabilität kann zum einen eine zeitliche oder räumliche Dimension haben. So mag der Anbietereinfluß infolge einer besseren Aufklärung der

---

1 So ist die Arbeit von Adam (1983) allein dieser Thematik gewidmet.

Tabelle 7.1. Übersicht über die Ergebnisse der multiplen Regressionsrechnung zum Arztdichteeinfluß (OLS-Schätzungen)

Kapitel dieser Arbeit	4	5	6
Beobachtungseinheiten	Stadt- und Landkreise	Abrechnungsbezirke	Bundesländer
Erhebungsgebiet	Baden-Württemberg	BRD	BRD
Zeitraum	1979	1977	1970–75
Elastizität der Inanspruchnahme bezüglich der Arztdichte	0,15	0,29 **	1,07 **
Geringste	8,3	6,7	6,5
mittlere Arztdichte	10,3	9,3	8,9
größte	15,6	14,3	13,2

Erläuterung: ** Signifikant auf dem 99%-Niveau.

Patienten über Gesundheitsfragen mit der Zeit abgenommen haben, oder die Einwohner Baden-Württembergs sind in ihrem Inanspruchnahmeverhalten nicht für alle Bundesdeutschen repräsentativ.

Die Instabilität kann sich andererseits aber auch auf die Wertbereiche der betrachteten Variablen beziehen: Der Anbietereinfluß kann nichtlinear sein und damit bei hoher Arztdichte quantitativ anders als bei niedriger. Bei dieser Version der Instabilität (oder besser: Nichtlinearität) müßte der Anbietereinfluß mit zunehmender Arztdichte abnehmen, damit die Ergebnisse aus den 3 Datensätzen miteinander vereinbar sind. Tabelle 7.1 zeigt nämlich, daß der Bundesländerdatensatz, in dem dieser Einfluß am stärksten ist, nach Bandbreite und Mittelwert der Arztdichtevariablen deutlich unter den beiden übrigen Datensätzen liegt.

Abnehmender Arztdichteeinfluß ist jedoch kompatibel mit der Theorie, daß bei niedriger Arztdichte auf dem Markt für ambulante ärztliche Leistungen ein Nachfrageüberhang herrscht, so daß steigende Arztdichte zunächst steigende (realisierte) Inanspruchnahme zur Folge hat, während dieser Effekt des Abbaus von Rationierung von einer bestimmten Arztdichte an wegfällt.

Um zu überprüfen, ob das Vorliegen von Rationierung den in Kap. 5 und 6 gefundenen Arztdichteeinfluß vollständig zu erklären vermag, vergleichen wir unsere Ergebnisse bezüglich des einfachen Zusammenhangs zwischen Arztdichte und Inanspruchnahme, der bei Rationierung durch Proportionalität beider Größen gekennzeichnet sein muß. Wir betrachten hierzu die Tabellen 4.13, 5.8 und 6.3 sowie Abb. 4.2, 5.1 und 6.1.

Für den Bundesländerdatensatz wurde Proportionalität insgesamt bejaht, wenn auch mit Abstrichen, da der beobachtete Zusammenhang zwischen beiden Modellvariablen nicht allzu streng ist. In den beiden übrigen Datensätzen gilt Proportionalität zwischen Arztdichte und Inanspruchnahme nicht global, aber jeweils für einen Teilbereich niedriger Arztdichte (bis zu einer modifizierten Arztdichte von 11 bzw. 12). Diese Ergebnisse können als vorläufige Bestätigung der These gewertet werden, daß die beobachtete positive Beziehung zwischen Arztdichte und Inanspruchnahme einen Rationierungseffekt widerspiegelt. Eine mit größerer Arztdichte *zunehmende* Steigung der Inanspruchnahmekurve mit der Konsequenz einer proportionalen Beziehung gerade für hohe Arztdichtewerte wurde dagegen nicht beobachtet. Wenn überhaupt künstliche Nachfrageschaffung seitens der Ärzte vorgelegen hat, so war diese nicht so stark, daß die Ärzte unabhängig von ihrer Anzahl ein bestimmtes Zieleinkommen hätten erreichen können.

Neben der diskutierten Instabilität bzw. Nichtlinearität des zugrundeliegenden „wahren" Zusammenhangs können noch weitere Gründe angeführt werden, die die Abweichungen zwischen den Ergebnissen der multiplen Regressionsanalyse – insbesondere zwischen Kap. 6 auf der einen und Kap. 4 und 5 auf der anderen Seite – zumindest teilweise erklären können.

Zum einen sind die 3 analysierten Datensätze selbst nicht vollkommen miteinander vergleichbar, da sie sich v. a. in der Menge erfaßter Variablen wesentlich unterscheiden. So fehlen in den Bundesländerdaten adäquate Maße sowohl für den Urbanitätsgrad der einzelnen Regionen als auch für die Morbidität der Bevölkerung. Beide Variablen spielen jedoch nach unseren Ergebnissen aus Kap. 4 (und im Falle der Morbidität auch Kap. 5) eine erhebliche Rolle bei der Erklärung der Inanspruchnahme ärztlicher Leistungen. Deshalb ist es wünschenswert, sie konstant zu halten, wenn man den partiellen Einfluß der Arztdichte messen will. Auch die Altersstruktur der Bevölkerung ist in den Bundesländerdaten nicht in befriedigender Weise erfaßt.

Darüber hinaus ließ das in Kap. 6 untersuchte Datenmaterial eine systematische Analyse der Bestimmungsfaktoren des Arztangebots nicht zu. Daher ist es nicht möglich zu überprüfen, ob der von uns in den anderen Datensätzen (vgl. 4.2.1.3 und 5.3.2.3) gefundene Einfluß von Inanspruchnahme bzw. Ärztebedarf auf die Arztniederlassungen auch für den Untersuchungszeitraum 1970–1975 gültig war. Somit ist nicht auszuschließen, daß der starke positive Zusammenhang zwischen Arztdichte und Inanspruchnahme ärztlicher Leistungen in diesen Daten teilweise auch auf umgekehrter Kausalität beruht.

7.2 Konsequenzen für die Steuerung des Ressourcenverbrauchs im Gesundheitswesen

Bevor Schlußfolgerungen aus den empirischen Analysen zusammenfassend dargestellt werden, möchten wir zunächst auf die Grenzen der Aussagekraft unserer Ergebnisse hinweisen. Alle unsere Aussagen gelten unter den üblichen Einschränkungen hinsichtlich der Validität statistisch-ökonometrischer Ergebnisse. Die Güte der Anpassung der Regressionsgleichungen ist nicht immer befriedi-

gend, am wenigsten bei der Analyse der Krankenhaustage und der Arzneimittelausgaben. Dieser Umstand deutet auf das Wirken weiterer Determinanten der
Inanspruchnahme hin, die nicht identifiziert oder zumindest nicht gemessen
werden konnten.

Ein ebenso wichtiger Vorbehalt betrifft die Interpretation der gefundenen
Zusammenhänge als Kausalbeziehungen. Eine radikale „bayesianische" Position
zu diesem Problem formuliert Leamer (1978, S. 229f.):

> "The choice of 'dependent variable' for least-squares regression has nothing to
> do with metaphysical notions of causality. The 'left-hand side' variable should
> be the one measured most inaccurately."

Dieses Prinzip vernachlässigt unsere Vorgehensweise zumindest bei der Erklärung der Arztdichte: Die erklärende Variable „Nachfrageintensität" ist wesentlich ungenauer gemessen als die Arztdichte selbst, da wir nur die Inanspruchnahme eines Teils der Bevölkerung beobachten können. Diesem Mangel haben
wir allerdings mit der Schätzung eines simultanen Gleichungsmodells zu begeg-
nen versucht, in dem beide Variablen als endogen spezifiziert wurden.

Schließlich ist hervorzuheben, daß unsere empirischen Analysen jeweils nur
einen Teil der Versicherten in der Gesetzlichen Krankenversicherung erfaßten.
Die in Kap. 4 und 5 untersuchten Daten bezogen sich nur auf Stammversicherte
der Allgemeinen Ortskrankenkassen (in Kap. 4 zusätzlich beschränkt auf das
Land Baden-Württemberg). Sofern für die Gruppe der mitversicherten Familienangehörigen und die der Rentner grundsätzlich andere Beziehungen zwischen den hier untersuchten Größen bestehen, können die Ergebnisse nicht auf
die Versicherten insgesamt übertragen werden.

Ein analoges Problem ergibt sich bei den Daten in Kap. 6 für die Mitglieder der
Ersatzkassen und der übrigen Kassen ohne Regionalgliederung, deren Ausgaben
nicht wirklichkeitsgetreu auf die einzelnen Bundesländer aufgeteilt werden
konnten, so daß aus den Ergebnissen der empirischen Analyse keine Rückschlüsse über das Inanspruchnahmeverhalten dieser Versichertengruppen gezogen werden können.

Welche Konsequenzen kann man nun aus den in Kap. 4–6 vorgelegten empirischen Ergebnissen für mögliche Ansätze zur Steuerung im Bereich der sozialen
Krankenversicherung ableiten? Das Hauptaugenmerk bei der Beantwortung
dieser Frage sollte auf Faktoren gelegt werden, die einerseits einen spürbaren
Einfluß auf das Leistungsvolumen haben und andererseits der Steuerung durch
gesundheitspolitische Maßnahmen zugänglich sind (vgl. Andersen u. Newman
1973).

Für den Bereich der stationären Versorgung läßt sich eine Variable aussondern,
die beide Bedingungen in besonderem Maße erfüllt, nämlich die Krankenhausbettendichte. Sie wirkt sich signifikant steigernd auf die Krankenhausverweildauer und – offenbar über eine Erhöhung der Zahl der Einweisungen – noch
stärker auf die Pro-Kopf-Krankenhaustage aus.

Spielt das Arztangebot im ambulanten Bereich eine ähnliche Rolle? Gilt auf dem
Markt für ärztliche Leistungen in Deutschland analog das, was Fuchs aus seiner
Studie über die Zusammenhänge auf dem Markt für chirurgische Operationen in
den USA folgert:

"Surgeons have considerable discretion in choice of location and their distribution is determined partly by their preferences as consumers. Thus geographical areas differ in their surgeon/population ratio for reasons unrelated to the inherent demand for operations. Where surgeons are more numerous, the demand for operations increases" (Fuchs 1978, S. 54).

Unsere Zahlen bestätigen diese amerikanischen Erkenntnisse nur zum Teil: In der Tat spielen Wirtschaftskraft und Freizeitwert einer Region (sowie die Verfügbarkeit von Krankenhausbetten) eine entscheidende Rolle für die Niederlassungsentscheidung von Ärzten. Ceteris paribus siedeln sich Ärzte jedoch auch dort zahlreicher an, wo ihre Leistungen verstärkt nachgefragt werden.

Soweit umgekehrt auch ein positiver Einfluß der Arztdichte auf die Inanspruchnahme ambulanter ärztlicher Leistungen festgestellt wurde, geht dieser vermutlich zum größten Teil auf den Abbau eines bei sehr geringer Angebotsdichte bestehenden Nachfrageüberhangs zurück. Anzeichen für eine künstliche Nachfrageschaffung seitens der Ärzte im Sinne der Aufrechterhaltung eines fest vorgegebenen Zieleinkommens ließen sich dagegen nicht finden.

Welche Folgerungen ergeben sich daraus für die möglichen Auswirkungen der u. a. vom Wissenschaftlichen Institut der Ortskrankenkassen (1978) prognostizierten „Ärzteschwemme" auf die Inanspruchnahme ärztlicher Leistungen und die Gesundheitsausgaben insgesamt? Die Antwort auf diese Frage hängt davon ab, wo sich die zusätzlich ausgebildeten Ärzte in ihrer Mehrzahl niederlassen.

Siedeln sie sich in den bisher sehr schwach versorgten Gebieten an, so ist infolge des Abbaus von Rationierung auch ein erheblicher Anstieg der Leistungsausgaben zu erwarten, da Patienten jetzt behandelt werden können, die sonst abgewiesen worden wären. Hierin zeigt sich, daß ein Ausgabenanstieg nicht per se gesundheitspolitisch unerwünscht sein muß. Bei „mittlerer" Arztdichte bewirken zusätzliche Ärzte stattdessen vorwiegend eine Reduzierung ungewollter Überstunden bei den bereits ansässigen Ärzten ohne nennenswerten Effekt auf die Gesamtausgaben.

Unsere Ergebnisse aus Kap. 4 – dies betrifft Daten aus dem Jahre 1979 und damit den aktuellsten der 3 untersuchten Datensätze – deuten darauf hin, daß die gegenwärtig realisierte Versorgung mit Ärzten überwiegend diesem mittleren Bereich zuzuordnen ist. Dagegen können aufgrund dieser Analyse keine Aussagen darüber getroffen werden, welche Konsequenzen sich ergeben, wenn die Arztdichte sich in den jetzt schon am besten versorgten Gebieten weiter erhöht, da die Extrapolation einer Regressionsgeraden über den Bereich der Beobachtungen hinaus fragwürdig ist.

Ferner ist zu fragen, welche Auswirkungen ein erhöhtes Ärzteangebot auf die Nachfrage nach solchen medizinischen Leistungen haben wird, die die Ärzte nicht selbst erbringen. Nach unserer Analyse in Kap. 4 sind infolgedessen jedoch weder vermehrte Ausgaben für Arzneimittel noch für stationäre Behandlung zu erwarten. Während die durchschnittliche Verweildauer im Krankenhaus mit zunehmender Arztdichte zurückgeht, wird dieser Effekt offensichtlich durch vermehrte Einweisungen wieder ausgeglichen.

Ein großer Teil der beobachteten Unterschiede in der Inanspruchnahme medizinischer Leistungen läßt sich auf Faktoren zurückführen, die ihrem Charakter nach (gesundheits-)politisch nicht beeinflußbar sind. So spielt die Altersstruktur der Bevölkerung bei der Krankenhausverweildauer und – mit Vorbehalt – auch bei den Ausgaben für ärztliche Leistungen eine beträchtliche Rolle. Bei diesen wurde in Kap. 4 darüber hinaus ein systematisches Stadt-Land-Gefälle festgestellt, das sich nicht auf Unterschiede in der Angebotsdichte zurückführen ließ. Einkommensunterschiede wirken sich in allen in Kap. 4 untersuchten Komponenten der Inanspruchnahme invers auf das Niveau der in Anspruch genommenen Leistungen aus. Dies widerspricht der These von der Komplementarität zwischen Gesundheit und Gütern gehobenen Konsums. Vermutlich spiegelt höheres Einkommen in unserer Stichprobe höheres Bildungsniveau wider. Bei dieser Interpretation sind unsere Ergebnisse konsistent mit der Theorie, daß besser Ausgebildete das Gut Gesundheit effizienter produzieren können.

Wegen der engen Beziehung zwischen der Inanspruchnahme ambulanter Leistungen und dem Krankenstand ist ferner zu untersuchen, mit welchen Maßnahmen dieser möglicherweise zu beeinflussen wäre. Unsere Analyse in Kap. 4 und 5 identifiziert neben der Altersstruktur nur eine signifikante und beeinflußbare Determinante der Arbeitsunfähigkeitstage, nämlich den Verbrauch fossiler Brennstoffe. Insoweit dieser ein Maß für den Grad der Luftverschmutzung darstellt, sollten ein verstärkter Immissionsschutz sowie die Förderung der Substitution fossiler durch nichtfossile Brennstoffe die Morbidität und damit die Inanspruchnahme medizinischer Leistungen dämpfen können. Denkbar ist auch ein indirekter Zusammenhang zwischen dem Energieverbrauch und dem Krankenstand in dem Sinne, daß beide auf dieselben Ursachen zurückgehen. Zu nennen wären hier die Verkehrsdichte und das Ausmaß der Industrialisierung. Beide sind positiv mit dem Energieeinsatz korreliert, beide wirken sicher auch – auf dem Umweg über Streß, Lärmbelästigung etc. – auf den Krankenstand ein.

Versucht man eine abschließende Wertung unserer Ergebnisse und der gesundheitspolitischen Schlußfolgerungen, so ist festzustellen, daß manche der getroffenen Aussagen negativen Charakter haben: Die Variablen, deren Auswirkung auf das Inanspruchnahmevolumen wir als erwiesen betrachten, sind zum großen Teil nicht politisch steuerbar; diejenigen, die steuerbar sind, haben (mit Ausnahme der Krankenhausbettendichte) nach unseren Erkenntnissen keinen statistisch ausreichend gesicherten Einfluß auf die Inanspruchnahme.

Von einer anderen Seite betrachtet, können jedoch auch aus solchen Negativaussagen positive Schlüsse gezogen werden. Zum einen ist dies die Feststellung, daß ein wesentlicher Teil der beobachtbaren Unterschiede in der Inanspruchnahme medizinischer Leistungen auf unterschiedliche Bedarfsstrukturen der Bevölkerung zurückgehen und ihre Nivellierung daher gar nicht angestrebt werden sollte. Zum anderen zeigt sich, daß von rein quantitativ ausgerichteten Maßnahmen in der Gesundheitspolitik (wie der Begrenzung der *Zahl* der niedergelassenen Ärzte) kein durchgreifender Erfolg erwartet werden kann, sondern daß das Ziel einer rationelleren Verwendung der Ressourcen im Gesundheitswesen eher durch strukturelle Reformen wie die in der Einleitung erwähnten Anreizsysteme erreicht werden kann. Um zu ergründen, wie diese sich im einzelnen auswirken, dazu sind weitere empirische Forschungsarbeiten erforderlich, die jedoch – im Gegensatz zu dieser Arbeit – experimentellen Charakter haben müßten.

Literatur

Acton JP (1975) Nonmonetary factors in the demand for medical services: Some empirical evidence. J Polit Econ 83: 595–614

Adam H (1983) Ambulante ärztliche Leistungen und Ärztedichte – Zur These der anbieterinduzierten Nachfrage im Bereich der ambulanten ärztlichen Versorgung. Duncker & Humblot, Berlin

Andersen R (1975) Introduction. In: Andersen R, Kravits J, Anderson O (eds.) Equity in health services: Empirical analyses and social policy. Ballinger, Cambridge/Mass.

Andersen R, Benham L (1970) Factors affecting the relationship between family income and medical care consumption. In: Klarman HE (ed) Empirical studies in health economics. Hopkins, Baltimore London

Andersen R, Newman JF (1973) Societal and individual determinants of medical care utilization in the United States. Milbank Mem Fund Q 51: 95–124

Anderson RK, House D, Ormiston MB (1981) A theory of physician behavior with supplier-induced demand. South Econ J 48: 124–133

Arrow KJ (1963) Uncertainty and the welfare economics of medical care. Am Econ Rev 53: 941–973

Auster RD, Oaxaca RL (1981) Identification of supplier-induced demand in the health care sector. J Hum Resour 16: 327–342

Auster RD, Leveson I, Sarachek D (1969) The production of health: An exploratory study. J Hum Resour 4: 411–436

Balestra P, Nerlove M (1966) Pooling cross-section and time-series data in the estimation of a dynamic model: The demand for natural gas. Econometrica 34: 585–612

Benham L, Benham A (1975) The impact of incremental medical services on health status, 1963–1970. In: Andersen R, Kravits J, Anderson O (eds) Equity in health services: Empirical analyses and social policy. Ballinger, Cambridge/Mass.

Benham L, Maurizi A, Reder MW (1968) Migration, location and remuneration of medical personnel: Physicians and dentists. Rev Econ Statist 50: 332–347

Blohmke M (1976) Wie ändern sich Inanspruchnahme und Bedarf an ärztlichen Leistungen durch den Patienten bei steigendem Angebot? Prakt Arzt 21: 4281–4289

Bombardier C, Fuchs VR, Lillard LA, Warner KE (1977) Socioeconomic factors affecting the utilization of surgical operations. N Engl J Med 297: 699–705

Borchert G (1980) Untersuchung der Zusammenhänge zwischen Umfang/Struktur des ambulanten ärztlichen Leistungsvolumens und der Arztdichte. Forschungsbericht/Gesundheitsforschung des Bundesministers für Arbeit und Sozialordnung, Bd 25, Bonn

Breyer F (1984) Anbieterinduzierte Nachfrage nach ärztlichen Leistungen und die Zieleinkommens-Hypothese. Jahrbücher für Nationalökonomie und Statistik 199 (im Druck)

Brown DM, Lapan HE (1979) The supply of physicians' services. Econ Inquiry 17: 269–279

Bunker JP (1970) Surgical manpower. A comparison of operations and surgeons in the United States and in England and Wales. N Engl J Med 282: 135–144

Colle AD, Grossman M (1978) Determinants of pediatric care utilization. J Hum Resour [Suppl] 13: 115–118

Cullis JG, Forster DP, Frost CEB (1979) The demand for inpatient treatment: Some recent evidence. Appl Econ 12: 43–60

Davis K, Russell LB (1972) The substitution of hospital outpatient care for inpatient care. Rev Econ Statist 54: 109–120

Enthoven AC (1980) Health plan. Wesley, Reading/Mass.

Evans RG (1974) Supplier-induced demand: Some empirical evidence and implications. In: Perlman M (ed) The economics of health and medical care. Wiley, New York

Farrell P, Fuchs VR (1981) Schooling and health: The cigarette connection. Working paper No. 768. National Bureau of Economic Research, New York

Fein R (1970) Comment. In: Klarman HE (ed) Empirical studies in health economics. Hopkins, Baltimore London

Feldstein MS (1967) Economic analysis for health service efficiency. North-Holland, Amsterdam

Feldstein MS (1970) The rising price of physicians' services. Rev Econ Statist 52: 121–133

Feldstein MS (1973) The welfare loss of excess health insurance. J Polit Econ 81: 251–280

Feldstein MS (1974) Econometric studies of health economics. In: Intriligator MD, Kendrick DA (eds) Frontiers of quantitative economics, vol II. North-Holland, Amsterdam

Feldstein MS (1976) Quality change and the demand for hospital care. Econometrica 44: 1681–1702

Feldstein PJ (1979) Health care economics. Wiley, New York

Fuchs VR (1974) Who shall Live? Health, economics and social choice. Basic Books, New York

Fuchs VR (1978) The supply of surgeons and the demand for operations. J Hum Resour [Suppl] 13: 35–56

Fuchs VR, Kramer MJ (1973) Determinants of expenditures for physicians' services in the U.S. 1948–1968. Occasional paper 117. National Bureau of Economic Research, New York

Greiser E (1981) Arzneimitteldaten aus dem ambulanten Bereich der medizinischen Versorgung, Verordnungsstatistiken und IMS-Statistiken. In: Brennecke R, Greiser E, Paul HA, Schach E (Hrsg) Datenquellen für Sozialmedizin und Epidemiologie. Springer, Berlin Heidelberg New York

Greiser E, Friedrich V (1977) Sozialmedizinische Aspekte des Arzneimittelverbrauchs in der ambulanten medizinischen Versorgung. In: Blohmke M, Keil U (Hrsg) Gesundheit – Krankheit – Arbeitsunfähigkeit, Selbstmedikation. Gentner, Stuttgart

Grossman M (1972) The demand for health: A theoretical and empirical investigation. Columbia University Press, New York

Haarmann M (1978) Steuerungsprobleme in der medizinischen Versorgung. Zur Analyse der ökonomischen Beziehungen zwischen Konsumenten, Ärzten und Krankenhäusern. Hain, Königstein

Hamm W (1980) Irrwege der Gesundheitspolitik. Mohr, Tübingen

Helberger C (1976) Soziale Indikatoren für das Gesundheitswesen der BRD. Ansätze, Probleme, Ergebnisse. Allg Statist Arch 60: 29–63

Henke KD, Adam H (1982) Die Finanzlage der sozialen Krankenversicherung 1960–1978. Eine gesamtwirtschaftliche Analyse. Deutscher Ärzte-Verlag, Köln-Lövenich

Herder-Dorneich P (1966) Sozialökonomischer Grundriß der Gesetzlichen Krankenversicherung. Kohlhammer, Stuttgart

Herder-Dorneich P (1970) Honorarreform und Krankenhaussanierung. Erich Schmidt, Berlin

Herder-Dorneich P (1976) Wachstum und Gleichgewicht im Gesundheitswesen. Die Kostenexplosion in der Gesetzlichen Krankenversicherung und ihre Steuerung. Westdeutscher Verlag, Opladen

Herder-Dorneich P (1980) Gesundheitsökonomik. Systemsteuerung und Ordnungspolitik im Gesundheitswesen. Enke, Stuttgart

Hershey JC, Luft HS, Gianaris JM (1975) Making sense out of utilization data. Med Care 13: 838–854

Holahan J (1975) Physician availability, medical care reimbursement, and delivery of physician services: Some evidence from the Medicaid program. J Hum Resour 10: 378–402

Intriligator MD (1978) Econometric models, techniques and applications. North-Holland, Amsterdam

Joskow PJ (1980) The effects of competition and regulation on hospital bed supply and the reservation quality of the hospital. Bell J Econ 10: 421–447

Kmenta J (1971) Elements of econometrics. MacMillan, New York

Koppel G (1978) Motivation toward physician-seeking behavior. Dissertation, Universität Heidelberg

Krämer W (1979) Eine ökonometrische Untersuchung des Marktes für ambulante ärztliche Leistungen. Discussion paper No. 110–79. Institut für Volkswirtschaftslehre und Statistik der Universität Mannheim

Krämer W (1980) Eine Rehabilitation der Gewöhnlichen Kleinst-Quadrat-Methode als Schätzverfahren in der Ökonometrie. Haag & Herchen, Frankfurt

Krämer W (1981) Eine ökonometrische Untersuchung des Marktes für ambulante kassenärztliche Leistungen. Z Ges Staatswissensch 137: 45–61

Läge H (1972) Großbritannien: Entwicklung der Erwerbsbevölkerung bis 1981. Soz Fortschr 21: 116–117

Lave LB (1972) Air pollution damage: Some difficulties in estimating the value of abatement. In:
  Kneese AV, Bower BT (eds) Environmental quality analysis. Hopkins, Baltimore London
Lave LB, Seskin EP (1977) Air pollution and human health. Hopkins, Baltimore London
Leamer EE (1978) Specification searches. Ad hoc inference with nonexperimental data. Wiley, New
  York
Leamer EE (1983) Let's take the con out of econometrics. Am Econ Rev 73: 31–43
Leiner B (1982) Einführung in die Zeitreihenanalyse. Oldenbourg, München Wien
Lewis CE (1969) Variations in the incidence of surgery. N Engl J Med 281: 880–884
Lüdeke R (1979) Kosten- und Ausgabendämpfung im Gesundheitswesen als Problem einer zielge-
  richteten Krankenversicherungsreform. Finanzarchiv NF 37: 73–93
Maddala GS (1977) Econometrics. McGraw-Hill, New York
Manning WG, Morris CN, Newhouse JP et al. (1981) A two-part model of the demand for medical
  care: Preliminary results from the health insurance study. In: Gaag Jvd, Perlman M (eds) Health,
  economics and health economics. North-Holland, Amsterdam
Metze I (1981) Marktversagen als Problembereich der Gesundheitsökonomie – Zur Frage der
  Organisation des Gesundheitswesens. In: Herder-Dorneich P, Sieben G, Thiemeyer T (Hrsg)
  Wege zur Gesundheitsökonomie I. Bleicher, Gerlingen
Monsma GN (1970) Marginal revenue and the demand for physicians' services. In: Klarman HE (ed)
  Empirical studies in health economics. Hopkins, Baltimore London
Neubauer G (1982) Die Nachfrage nach Gesundheitsleistungen – Versuch der sozialempirischen
  Überprüfung einiger zentraler Thesen. In: Gäfgen G und Lampert H (Hrsg.), Betrieb, Markt und
  Kontrolle im Gesundheitswesen. Bleicher, Gerlingen
Neubauer G, Maneval H, Schulz W (1981) Medizinische Versorgungssituation in München, Ergeb-
  nisse einer Volksbefragung. Forschungsbericht Nr. 3. Hochschule der Bundeswehr, München
Newhouse JP (1970a) Determinants of days lost from work due to sickness. In: Klarman HE (ed)
  Empirical studies in health economics. Hopkins, Baltimore London
Newhouse JP (1970b) A model of physician pricing. South Econ J 37: 174–183
Newhouse JP (1974) A design for a health insurance experiment. Inquiry 11: 5–27
Newhouse JP (1977) Medical care expenditure: A cross-national survey. J Hum Resour 12: 115–125
Newhouse JP (1981) Demand for medical care services: A retrospect and prospect. In: Gaag Jvd,
  Perlman M (eds) Health, economics and health economics. North-Holland, Amsterdam
Newhouse JP, Friedlander LJ (1977) The relationship between medical resources and measures of
  health: Some additional evidence. Rand, Santa Monica/Cal.
Newhouse JP, Phelps CE (1974) Price and income elasticities for medical care services. In: Perlman M
  (ed) The economics of health and medical care. Wiley, New York
Newhouse JP, Phelps CE (1976) New estimates of price and income elasticities for medical care
  services. In: Rosett RN (ed) The role of health insurance in the health services sector. National
  Bureau of Economic Research, New York
Newhouse JP, Phelps CE, Marquis KH (1980) On having your cake and eating it too: Econometric
  problems in estimating the demand for health services. J Econ 13: 365–390
Oberender P (1980) Mehr Wettbewerb im Gesundheitswesen. Zur Reform des Gesundheitswesens in
  der Bundesrepublik Deutschland. Jahrbuch Sozialwissensch 31: 145–176
Paffrath D (1976) Zur These der Superiorität von Gesundheitsgütern. Soz Fortschr 25: 172–175
Paffrath D (1977) Bestimmungsgründe der Einkommen niedergelassener Ärzte in der Bundesrepu-
  blik Deutschland. Dissertation, Universität, Bochum
Pauly MV (1968) The economics of moral hazard: Comment. Am Econ Rev 58: 531–537
Pauly MV (1980) Doctors and their workshops. Economic models of physician behavior. University
  of Chicago Press, Chicago London
Phelps CE (1975) Effects of insurance on demand for medical care. In: Andersen R, Kravits J,
  Anderson O (eds) Equity in health services: Empirical analyses and social policy. Ballinger,
  Cambridge/Mass.
Phelps CE, Newhouse JP (1974) Coinsurance, the price of time, and the demand for medical services.
  Rev Econ Statist 56: 334–342
Rao P, Miller RL (1971) Applied econometrics. Wadsworth, Belmont
Richardson J (1981) The inducement hypothesis: That doctors generate demand for their own
  services. In: Gaag Jvd, Perlman M (eds) Health, economics and health economics. North-Holland,
  Amsterdam

Roemer MI (1961) Bed supply and hospital utilization: A natural experiment. Hospitals 35/21: 36–42

Rohrbacher R, v Rothkirch C, Weidig I (1981) Entwicklung des Bedarfs an Ärzten. Zwischenbericht Nr. 2: Theoretische und empirische Ausgestaltung des pluralistischen Bedarfskonzepts. Prognos, Basel

Schach E (1981) Daten der gesetzlichen Krankenversicherung am Beispiel einer AOK. In: Brennecke R, Greiser E, Paul HA, Schach E (Hrsg) Datenquellen für Sozialmedizin und Epidemiologie. Springer, Berlin Heidelberg New York

Schmidt H (1976) Wahltarif in der GKV – ein Lösungsvorschlag. Soz Sicherh 25: 5–6

Schönfeld P (1969) Methoden der Ökonometrie, Bd 1. Vahlen, Berlin Frankfurt

Schulenburg JMvd (1981) Systeme der Honorierung frei praktizierender Ärzte und ihre Allokationswirkungen. Mohr, Tübingen

Siebeck T (1976) Zur Kostenentwicklung in der Krankenversicherung. Verlag der Ortskrankenkassen, Bonn

Silver M (1970) An economic analysis of variations in medical expenses and work-loss rates. In: Klarman HE (ed) Empirical studies in health economics. Hopkins, Baltimore London

Sölter A (1981) Ökonokomik. Die Lehre von den heiteren Seiten der Wirtschaftswissenschaften. Hellendoorn, Bad Bentheim

Stoddart GL, Barer ML (1981) Analyses of demand and utilization through episodes of medical service. In: Gaag Jvd, Perlman M (eds) Health, economics and health economics. North-Holland, Amsterdam

Sweeney GH (1981) The market for physicians' services: Theoretical implications and an empirical test of the target income hypothesis. South Econ J 48: 594–613

Theil H (1958) Economic forecasts and policy. North-Holland, Amsterdam

Wan TTH, Soifer SJ (1974) Determinants of physician utilization: A causal analysis. J Health Soc Behav 15: 100–108

Wilensky GR, Rossiter LF (1981) The magnitude and determinants of physician-initiated visits in the United States. In: Gaag Ivd, Perlman M (eds) Health, economics and health economics. North-Holland, Amsterdam

Wissenschaftliches Institut der Ortskrankenkassen (1978) Das Ärzteangebot bis zum Jahre 2000. Bonn

Zarembka P (1974) Transformation of variables in econometrics. In: Zarembka P (ed) Frontiers in econometrics. Academic Press, New York London

Zeckhauser RJ (1970) Medical insurance: A case study of the trade-off between risk-spreading and appropriate incentives. J Econ Theor 2: 10–26

Zweifel P (1982) Ein ökonomisches Modell des Arztverhaltens. Springer, Berlin Heidelberg New York

Zwerenz K (1982) Nachfrage und Angebot im stationären Bereich des Gesundheitswesens. Eine Regionalanalyse mit Hilfe multivariater statistischer Methoden. Brockmeyer, Bochum

E. Baader

Honorarkürzung und Schadensersatz wegen unwirtschaftlicher Behandlungs- und Verordnungsweise im Kassenarztrecht

1983. VII, 32 Seiten. (Recht und Medizin)
DM 12,80. ISBN 3-540-12497-7

Inhaltsübersicht: Grundlagen. – Unwirtschaftlichkeit als unbestimmter Rechtsbegriff. – Rechtliche Prüfung der Unwirtschaftlichkeit: Einzelfallprüfung. Prüfung anhand des statistischen Vergleichs. Der Schluß auf die Unwirtschaftlichkeit. Einwendungen des Arztes. – Die Feststellung des rechtswidrig verursachten Mehrbetrags an Honorar und Kosten. – Die Festlegung des Honorarkürzungs- und Schadensersatzbetrages. – Zusammenfassung der Rechtssätze.

Dieses Buch bietet allen mit Honorarkürzungs- und Schadenersatzprozessen wegen unwirtschaftlicher kassenärztlicher Behandlungs- und Verordnungsweise befaßten Personen – Richtern, Beteiligten (Ärzten, Kassenärztlichen Vereinigungen, Krankenkassen) und Rechtsanwälten – eine umfassende Orientierungshilfe zur Bewältigung eines schwierigen sozialrechtlichen Verfahrens. Dabei wird der Versuch unternommen, den Problemstoff zu analysieren, die einzelnen Rechtsbereiche zu systematisieren, die sich ergebenden Rechtsfragen grundlegend zu vertiefen und in die bisherige Rechtsprechung entsprechend einzuordnen.

Springer-Verlag
Berlin
Heidelberg
New York
Tokyo